Galileo 科學大圖鑑系列

VISUAL BOOK OF
THE AIRPLANES

飛機大圖鑑

人人出版

飛向機場
此波音747（巨無霸客機）準備降落在黎巴嫩的貝魯特市拉菲克・哈里里（Rafic Hariri）
國際機場。朝飛機迎面而來的便是貝魯特市區，山坡上櫛比鱗次蓋滿了混凝土建築。黎巴
嫩因鄰近地中海，冬季也十分溫暖。

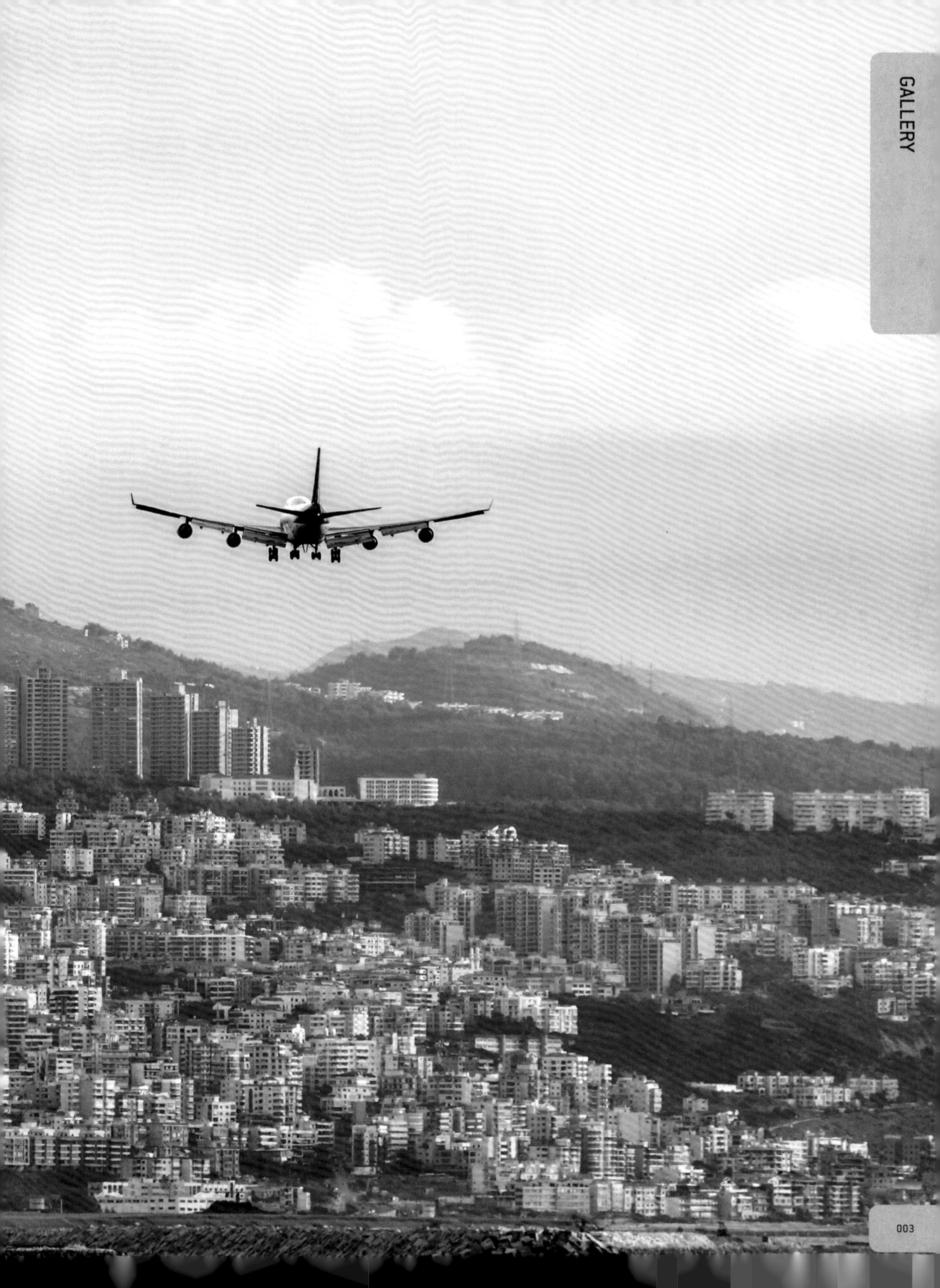

全世界最大的客機 —— A380

和地面群眾相較，就能看出這架飛機有多巨大。現在距離萊特兄弟創下人類首次於天空飛翔的紀錄不過百餘年，不知他們是否曾想像過，這個時代會出現能夠一次載運超過500人的飛機。

駕駛艙 ─ YS-11

YS-11駕駛艙，展示於日本埼玉縣所澤市的西武新宿線「航空公園站」。該機過去隸屬日空航空（ANK），於1969年製造。1997年4月13日於大島 ─ 東京航線負責首航後退役。

※圖片來源：日本所澤航空發祥紀念館

フラップを押して開ける
TO OPEN: PUSH FLAP

非常口
EXIT

JAPAN

AIR COM

渦輪螺旋槳發動機 ── ATR42

法國製的新型飛機，2018年於日本亮相。觀察機身的細節處可發現各種起伏流線及零組件。主翼配載普惠公司（Pratt & Whitney）所生產的PW127M引擎，最大可發揮達2,400shp（shaft horsepower，軸馬力）。

薄暮時分
夜幕低垂之際，地面的燈火看起來宛如珠寶盒裡滿盛的璀璨寶石。「那棟大樓還在加班嗎？」「那輛車是要開回家嗎？」，機上乘客不斷思忖著，在引擎聲的陪伴中度過一段獨處

前　言

搭乘飛機在挑選座位時，

大多數人考量的因素可能是

「想坐靠窗的位子看風景」，

或是「坐靠走道的位子比較方便上洗手間」等。

但如果是飛機迷的話，或許會有個人的一套堅持，例如

「坐在主翼附近才能看到襟翼和擾流板作動的樣子」，或是

「座位靠後排比較方便看清楚整架飛機」這類考量。

即使是看似平凡無奇的景象，

在「交通工具迷」的眼中，也隨處皆能引發好奇。

例如，機艙內的空氣在約 1 萬公尺的高空上是如何進行循環的？

國際航線班機上長時間值勤的機組人員是在哪裡休憩？

飛機的外觀同樣令人充滿疑問。

雖然雙引擎飛機是近年來的主流，

但四引擎、三引擎，甚至是以螺旋槳推動的機種也仍然存在。

這些機種的差異是怎麼來的？

還有，機場的跑道、滑行道在夜間會亮起各種顏色的燈光，

不同顏色的燈光又代表什麼意思？

本書將以客機為主，揭開與飛機相關的各種「奧祕」，

並搭配許多精美照片及插圖解說。

書的後半部分則會介紹「YS-11」、「HondaJet」等日本國產飛機，

以及下一代超音速客機、eVTOL等「未來航機」。

希望讀者能夠透過本書增加飛機相關知識，有機會啟發更多興趣。

VISUAL BOOK OF THE AIRPLANES 飛機大圖鑑

4 飛機觀覽指南-2

5 飛機的歷史與未來

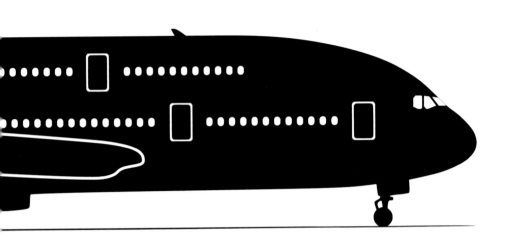

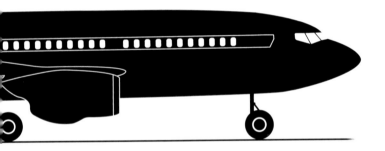

飛機大解構—1

The anatomy of the airplane #1

如同拼圖般將各種裝置與設備組合在一起

以　目前世界上的主流客機 —— 空中巴士A350 XWB（-900型）為例，整架飛機的規格：翼展（從主翼一端至另一端的寬度）64.8公尺，全長（機鼻至機尾）66.8公尺，高度（地面至垂直尾翼頂端）17.1公尺。從主翼、尾翼、油箱、起落架、駕駛艙

客機的架構

翼尖小翼※
由於沿主翼上翼面與下翼面流動的空氣有壓力差，會因此產生翼尖渦流（自下翼面旋向上翼面的空氣旋渦）。翼尖渦流會增加空氣阻力，提高飛機油耗，因此加裝翼尖小翼可解決此一問題。

※：名稱隨造型及飛機製造商而有不同。A380則名為「翼尖帆」（wingtip fence）。

舷燈（綠）
防撞燈（頻閃白光）

落地燈

發動機
（渦輪扇發動機）★
1具發動機的重量約6.5噸，同時身兼發電機的角色，負責供給操作系統及客艙。正面中央的螺旋狀紋路除了防止鳥擊（bird strike），也能輔助人員瞬間判斷發動機運作的樣子（→24頁）。

副翼

擾流板

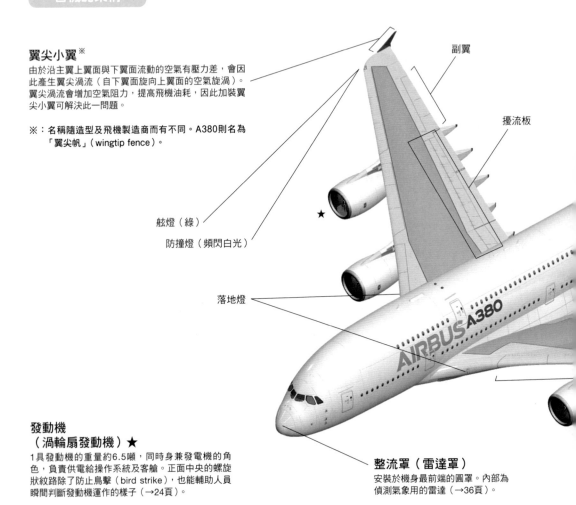

整流罩（雷達罩）
安裝於機身最前端的圓罩。內部為偵測氣象用的雷達（→36頁）。

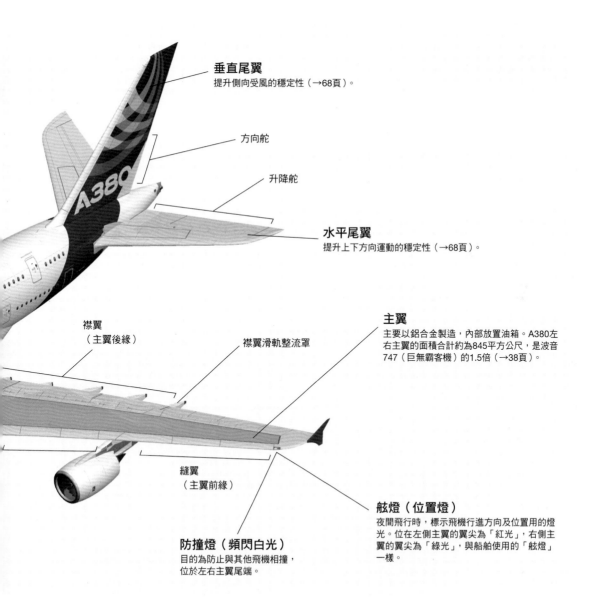

等飛行所必須的基本架構，乃至於客艙、貨艙、艙壓調整裝置、空調裝置、洗手間、廚艙等，為旅客提供舒適機內環境的設備，全都塞進機身內。飛機本身的重量加上機內人員（約300～450人）、貨物、燃料、餐點及服務用備品等，最多可達約270噸。

　　本節將詳細介紹全機採雙層客艙設計的A380。其中充分利用有限空間，像拼圖般巧妙組合在一起的各種「機關」更是值得特別留意。

垂直尾翼
提升側向受風的穩定性（→68頁）。

方向舵

升降舵

水平尾翼
提升上下方向運動的穩定性（→68頁）。

襟翼
（主翼後緣）

襟翼滑軌整流罩

主翼
主要以鋁合金製造，內部放置油箱。A380左右主翼的面積合計約為845平方公尺，是波音747（巨無霸客機）的1.5倍（→38頁）。

縫翼
（主翼前緣）

舷燈（位置燈）
夜間飛行時，標示飛機行進方向及位置用的燈光。位在左側主翼的翼尖為「紅光」，右側主翼的翼尖為「綠光」，與船舶使用的「舷燈」一樣。

防撞燈（頻閃白光）
目的為防止與其他飛機相撞，位於左右主翼尾端。

A380（側視圖）

空中巴士規劃的座位數（標準座位數）為545席，分為頭等艙、商務艙、豪華經濟艙、經濟艙4個艙等。

＊圖為全日本空輸（ANA）的座位配置。

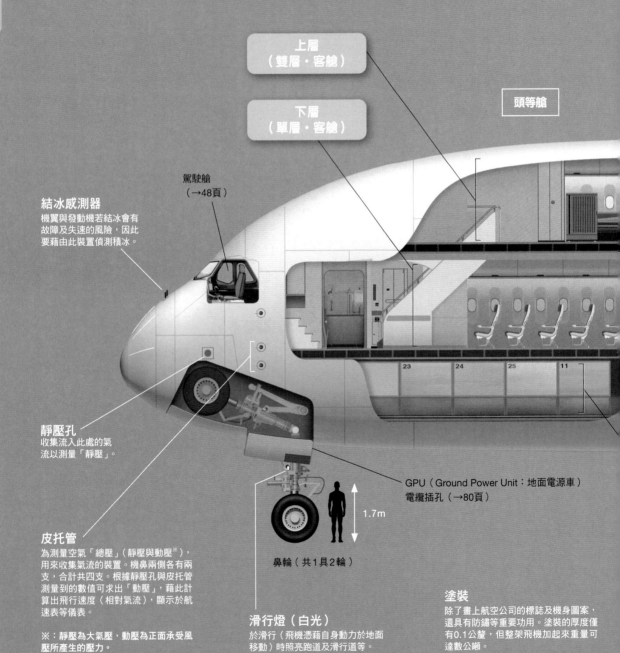

上層
（雙層·客艙）

下層
（單層·客艙）

頭等艙

結冰感測器
機翼與發動機若結冰會有故障及失速的風險，因此要藉由此裝置偵測積冰。

駕駛艙
（→48頁）

23　24　25　11

靜壓孔
收集流入此處的氣流以測量「靜壓」。

GPU（Ground Power Unit：地面電源車）
電纜插孔（→80頁）

1.7m

皮托管
為測量空氣「總壓」（靜壓與動壓※），用來收集氣流的裝置。機鼻兩側各有兩支，合計共四支。根據靜壓孔與皮托管測量到的數值可求出「動壓」，藉此計算出飛行速度（相對氣流），顯示於航速表等儀表。

※：靜壓為大氣壓，動壓為正面承受風壓所產生的壓力。

鼻輪（共1具2輪）

滑行燈（白光）
於滑行（飛機憑藉自身動力於地面移動）時照亮跑道及滑行道等。

塗裝
除了畫上航空公司的標誌及機身圖案，還具有防鏽等重要功用。塗裝的厚度僅有0.1公釐，但整架飛機加起來重量可達數公噸。

防撞燈（紅色閃光）
位於機身上方與下方，目的為防止與其他飛機相撞。在開始移動準備起飛前便會亮燈，飛行途中也會不分晝夜全程點亮。

天線
機身各處安裝了與地面塔台通訊用的「通訊天線」、接收GPS電波的「導航天線」等各式各樣的天線。

洗手間
（→56頁）

商務艙

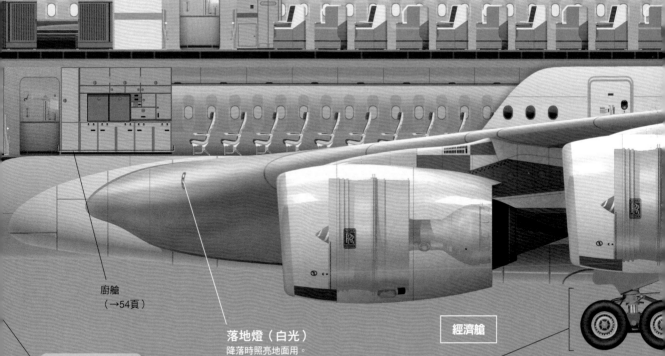

廚艙
（→54頁）

落地燈（白光）
降落時照亮地面用。

經濟艙

翼輪
（共2具8輪，安裝於主翼）

低艙
（貨艙）

A380為3層構造，一般客機則是只有下層與低艙（也稱為機腹）2層。低艙為貨艙，用於堆放裝有行李的貨櫃。A380的酬載（貨物的可裝載最大重量）約為66噸，是客機中載重最大的。

飛
機
的
構
造

客艙門（登機門）

機身左側的艙門，供旅客上下機使用。位
於機身後段的艙門也用於貨物搬運及緊急
逃生。

＊可能隨機場或航空公司而有不同用途。

服務艙門

位於機身右側，A380的1樓有五扇，2樓
有三扇。用於搬運機上餐點、備品等，也
兼具緊急逃生出口的功用。

＊可能隨機場或航空公司而有不同用途。

豪華經濟艙

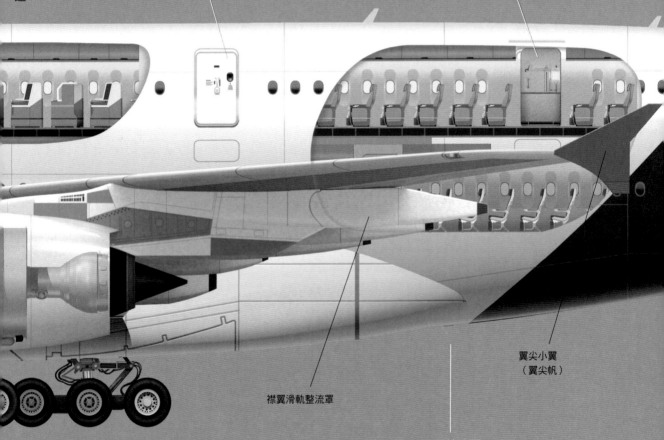

翼尖小翼
（翼尖帆）

襟翼滑軌整流罩

機身輪
（共2具12輪，安裝於機身）

外流閥

用來排出艙內空氣的閥門。自發動機吸入的新
鮮空氣會不斷送入機艙內，以A380而言，1分
鐘可達數十萬公升，艙內的空氣約10分鐘便會
全部更新。外流閥也會根據機艙內、外的氣壓
變化而開關（增減空氣排放量），藉以調整機
艙內的氣壓。

起落架（降落裝置）

由緩衝裝置與輪胎構成。A380合計共有22個機輪
（→40頁）。

A380

尾燈（白光）
位於機身最後端（APU
後側下方等）的燈。在
夜間飛行等狀況下，與
舷燈一樣負責標示飛機
的行進方向及位置等。

APU（輔助動力裝置）
當飛機於地面待機，主翼的主發動機未運轉
時，為空調、照明提供電力※的發電用小型
發動機。也負責提供啟動主發動機所需的
動力。

※：也有可能使用機場地面電源車（GPU）
　　所提供的電力。

後方壓力隔板
區隔加壓（→30頁）與未加壓空間
的隔板。

標誌燈（白光）
僅部分飛機有配備，便於
識別垂直尾翼上的航空公
司標誌。

尾橇
防止起降時機尾摩擦地面。其他機種有的是
收納式或金屬製、附有輪胎等，造型不盡相
同（圖為範例，非A380的尾橇）。

前方配備巨大扇葉的 「渦輪扇發動機」

現代主流客機大多以時速達800～900公里 （0.75～0.85馬赫）的「穿音速」（transonic）， 飛行於1萬公尺的高空上，其動力來源是噴射發動機。噴射發動機是藉由壓縮自前方吸入的空氣，混合燃料燃燒產生高溫、高壓氣體，並向後方猛力噴出（噴射氣流）以獲得推力。

　　噴射發動機可粗分為1940～50年代客機使用的 「渦輪噴射發動機」，以及1960年代後成為主流的 「渦輪扇發動機」。前者是將吸入的空氣全部轉換為推力；後者則是藉由大型扇葉獲取更多空氣，將部分用於產生噴射氣流，另一部分直接由後方排出以獲得推力。這樣的設計使得渦輪扇發動機的噪音低於渦輪噴射發動機，而且油耗表現更佳。

渦輪扇發動機
（勞斯萊斯特倫特900）

旁通氣流

① ③燃燒室 ⑤噴射氣流

②壓縮機　　　　④渦輪機

扇葉
（24片）

渦輪扇發動機的構造

上圖簡易說明了渦輪扇發動機的運作機制。扇葉吸入的空氣會分為兩股 （①）。中心附近的空氣通過發動機核心部分（②壓縮機、③燃燒室、④渦輪機）後，變成噴射氣流從後方噴出（⑤）。其他空氣則形成包圍住發動機核心的氣流（旁通氣流）。這兩股氣流會在發動機後方合起來產生推力。此時，由於旁通氣流裹住了噴射氣流，因此能降低噪音。另外，將噴射氣流控制在適當速度，也改善了渦輪扇發動機在穿音速、次音速下的油耗。

＊完全利用噴射氣流的速度來運作的渦輪噴射發動機，以超音速飛行見長，但在穿音速、次音速飛行時效率不佳。

位於發動機正面，直徑約3公尺的進氣口每秒以時速560公里的速度吸入約1噸的空氣。波音 737MAX等小型客機的機身寬為3.8公尺，由此可知這具發動機是何等巨大。

渦輪扇發動機 ①

旁通比

當進入發動機核心部分的氣流量為1時，旁通氣流的量即為「旁通比」。旁通比3~4以上的發動機稱為「高旁通比發動機」。特倫特900系列的旁通比為7.7~8.5，代表扇葉吸入的空氣約有80%會流經此處。至於早期的波音747（巨無霸客機）所使用的普惠公司「JT9D-7A」發動機旁通比則為5.15，因此噪音較大。

中壓壓縮機

由鈦合金製的8段串聯動葉所構成。壓縮機是旋轉葉片（動葉）與靜止的葉片（靜葉）交互組合而成，「8段」代表這一機組共有8層。因動葉而加速的空氣會被推擠至靜葉，每通過1層，壓力就會升高。空氣的壓縮比越高，發動機的效率就越好。

高壓壓縮機

使用鈦與耐熱合金製造，由6段串聯動葉構成。會進一步壓縮經過中壓壓縮機壓縮的空氣，送往燃燒室。

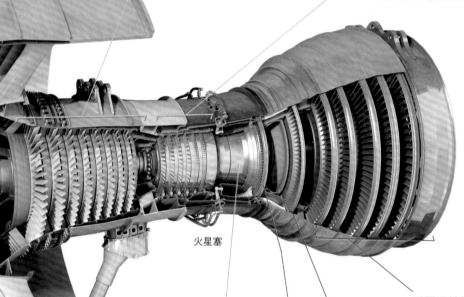

火星塞

低壓渦輪機

由5段串聯動葉構成，藉著接收來自燃燒室經過中壓渦輪機的燃燒氣體轉動。負責驅動以機軸連接的扇葉。

燃燒室

向壓縮機加壓過的空氣連續噴射燃料，製造混合氣體（高壓空氣與霧化燃料）。以火星塞產生的火花點燃混合氣體，使其連續燃燒。

中壓渦輪機

由1段串聯動葉構成，藉著接收經過高壓渦輪機而來的燃燒氣體轉動。負責驅動以機軸連接的中壓壓縮機。

附件齒輪箱

包括了一系列利用發動機旋轉力的裝置，像是燃料泵、液壓泵等。

高壓渦輪機

藉著接收來自燃燒室，溫度超過2000℃的燃燒氣體轉動的1段渦輪，負責驅動以機軸連接的高壓壓縮機（特倫特900為3軸式）。

從發動機數量回顧客機歷史

A 380及波音747配載了4具發動機，而波音787則只有2具，為何不同機種配載的發動機數量也不一樣呢？

配載4具發動機的飛機稱為「四發動機飛機」（quadjet），而配載2具發動機的則稱為「雙發動機飛機」（twinjet）。1950至1990年代前後，飛行國際航線（中、長程航班）的大型噴射客機大多為四發動機飛機。這是因為以當時的技術無法製造出現今所使用的高性能發動機，機身更龐大的飛機就需要配載更多具發動機。

此外，當時所製造的發動機，其可靠度也不如現在，根據美國聯邦航空總署的「ETOPS」（extended-range operations，延程飛行）規定，客機（雙發動機飛機）所能飛行（ETOPS60）的路線就是當其中一具發動機故障時，憑藉另一具發動機可在60分鐘內飛抵鄰近機場。換句話說，當時的雙發動機飛機無法長時間於大西洋等海上飛行。雙發動機飛機現在（1990年代後期以來）之所以能飛行這些航線，主要是技術的進步與ETOPS管制放寬之故。

曾風靡一時的「三發動機飛機」

其實，過去還曾有主翼配載2具發動機，機尾也有一具發動機的「三發動機飛機」（trijet）。三發動機飛機能同時解決雙發動機飛機受限於ETOPS而無法飛行長途航線，以及四發動機飛機

四發動機飛機

波音747
（荷蘭皇家航空）（↗）
由波音公司生產，曾是全球的熱門客機，也是具代表性的四發動機飛機。最終型號747-8I及貨機型的747-8F目前仍活躍於天空。

VC-10
（英國海外航空）（→）
英國維克斯公司（今BAE Systems plc）生產的後置發動機飛機，機尾配載了四具小型渦輪扇發動機。機內座位約100～140席。於1960年代首航，但並未取得商業上的成功。

燃料及維修等成本過高的缺點，因而廣為業內延用。

三發動機飛機還有一種類型是將所有發動機都配置於機尾的「後置發動機飛機」。後置發動機飛機除了具備「較四發動機飛機輕、推力較雙發動機飛機大，因此不需要長距離的跑道」等三發動機飛機特有的優勢[1]，此外還擁有「由於主翼沒有發動機所以機身較低（方便登機及裝卸貨物）[2]」等獨一無二的特性，因此能夠航抵設備不盡完善的機場。

但後置發動機的三發動機飛機並非沒有缺點。由於沉重的發動機都集中在同一處，會影響到某些機型獨特的操縱特性，還因為發動機位置較高，導致保養維修不便。由於經濟效益不如雙發動機飛機，因此在1960～90年代到達高峰後，便逐漸退出了舞台。

※1：由於發動機配置於機尾，致使主翼變得「無拘無束」，就飛機製造商而言，設計上會比較輕鬆。

※2：DC-9等後置雙發動機飛機也出於相同原因成為當時的熱門機種。

渦輪扇發動機②

（↑）L-1011 三星
（歐洲大西洋航空）

L-1011三星是美國洛克希德公司（Lockheed Corporation）生產的廣體飛機，主要飛行國際航線。由於將主翼配置在重心位置附近，因此主翼稍微偏後。座位採3＋4＋2（2＋5＋2）配置，且五間洗手間皆集中設置於機尾，以及中央列天花板沒有座位上方行李置物櫃等等設計，在機艙內營造出獨樹一格的氣氛。

（←）波音727
（Nomads Travel Club）

後置發動機飛機，體積較三星小，也更早開發。競爭對手包括英國霍克·西德利公司（Hawker Siddeley Group Limited）的「HS121 三叉戟」及前蘇聯圖波列夫設計局的「Tu-154」等，因其性能出類拔萃而成為熱門機種。

螺旋槳飛機配載
「渦輪螺旋槳發動機」

渦輪螺旋槳發動機最拿手的,是以次音速(時速約500～700公里)飛行。藉由前方吸入的空氣與燃料進行燃燒使渦輪機旋轉,並從後方排出噴射氣流,這一點與渦輪扇發動機(噴射發動機)相同。不過,燃燒空氣與燃料所得來的能量,絕大多數都被渦輪螺旋槳發動機用來轉動螺旋槳。

當螺旋槳轉動,會在後方產生加速氣流形

ATR42-600(安的列斯航空)
渦輪螺旋槳發動機在低速下的經濟效益優於渦輪扇發動機,因此通常用於為飛行短程航線(通勤航線)所開發的機種。

成推力，使飛機得以飛行。雖然噴射氣流也會產生推力，但比例微乎其微。

無論是渦輪扇發動機（噴射發動機）或渦輪螺旋槳發動機，動力來源都是「噴射燃料」（fuel injection）。噴射燃料的主要成分是去除水分的高純度煤油[1]，價格較汽油低廉，而且不易引燃。此外，即使噴射客機在高度1萬公尺、零下50℃的環境[2]飛行，煤油也不會凍結。

※1：以現代客機所使用的JET-A、JET-A1，以及軍機等使用JP-5、JP-8為例。

※2：雖然渦輪螺旋槳飛機的飛行高度較低（約5000～9000公尺高空），但溫度也僅有零下20℃左右。

客機機身必須承受 嚴苛環境的考驗

客機在 1 萬公尺的高空中飛行時，大氣壓僅約 0.26，也就是氣壓約為地面的 4 分之 1（空氣稀薄）。這會導致機上人員缺氧，因此包含貨艙在內，機艙中的氣壓都增加到 0.75 大氣壓※（加壓）左右。

由於機艙內外的壓力不同，使得機身承受了向外膨脹的力，機門不會在飛行中不小心開啟，也正是因為有這股力量的關係。而機身之所以打造為圓柱狀，是為了將承受這股壓力所產生的力平均分散到不同方向。

為了承受這股壓力每平方公尺平均可達 5～6

頓的力，機身是以輕且高強度的「鋁合金（7075 鋁合金等）」打造。近年來，「碳纖維強化塑膠」（carbon fiber reinforced plastic，CFRP）等複合材料也大量用來製造飛機。CFRP 是將直徑數微米（微為 100 萬分之 1）的碳纖維嵌入樹脂中成型，並以高溫高壓燒製而成。CFRP 較鋁合金更輕更堅固，A380 客艙 2 樓的地板（橫梁）等處也都使用了 CFRP。

※：視機型而異。

組裝中的 A380（↓）

下圖為正在進行組裝作業的 A380。機身較體為半硬殼式結構，是結合了構成機身主幹的圓形「骨架」、前後走向的「縱梁」、包覆在外層的「蒙皮」打造而成。半硬殼式結構的特徵是能維持強度同時做到輕量化，許多現代的客機皆採用此一結構。

＊圖片來源：空中巴士

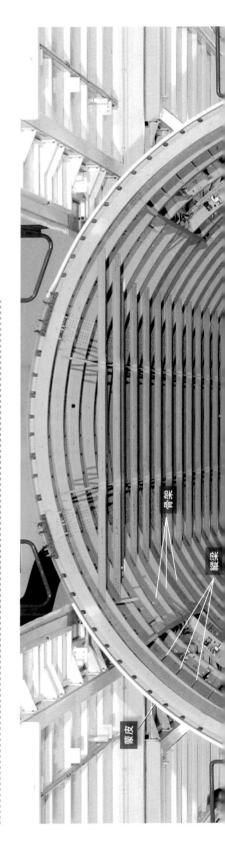

骨架

縱梁

蒙皮

傾楽
雖然長度接近7公尺，但因為是CFRP製成，重量僅約15公斤（女性獨自一人也可提起）。

顛覆客機「既有認知」的
複合材料「CFRP」

在 1981年首航的波音767機身，約有80%以杜拉鋁等鋁合金材料製成。至於波音公司最新款的波音787，鋁合金比例僅佔整體的20%，其中50%是以CFRP製造（重量比）。

波音787是第一款使用CFRP製造主翼、機身等半數以上（或是大範圍）主要結構的客機。除了CFRP本身重量輕以外，因一體成型而不需要螺釘等緊固零件也有助於輕量化（減少了80%的緊固零件）。

CFRP的優點還包括了不易腐蝕與耐久度高，這些特性也有助於改善機艙內的環境。由於鋁合金等材料在濕度高的環境下會發生腐蝕，機艙內的濕度只能設定在10%以下，搭飛機時會覺得機上空氣乾燥，就是這個緣故。不過CFRP不用擔心腐蝕，所以波音787的空調系統增添了加濕功能，將濕度提高到10%多。

＊CFRP則有成本高昂、加工不易等缺點。

波音787與CFRP

B787（零件較少，可減少使用緊固零件）

過去機型（零件較多，用於連接彼此的緊固零件較多）

儘管有人認為相較於金屬，CFRP即使受損傷也不易看出，會增加維修保養的難度，但耐久度的提升已減輕了維修保養的負擔。另外，雖然CFRP不易導電，不過只要在機身表面多加一層易導電的材料，即使遭受雷擊也能安全放電。

CFRP改善了機艙內的環境

已往的機型艙內氣壓設定在約0.75大氣壓（約相當於2400公尺高），波音787則可以提高到約0.8大氣壓（約相當於1800公尺高）。以向陽山（位於臺東利稻村與高雄桃源之間，海拔約3600公尺）為例，則大概是三分之二山腰與半山腰的差距。由於CFRP強度更高，使得機身能承受更高的氣壓（即使機艙內外氣壓差距更大也承受得住）。

同款機型也有多種不同版本

為了滿足航空公司的各種需求，一款機型有時會有好幾種機身版本。以波音787為例，就有基本型787-8（標準座位數242，全長56.7公尺），還有增加長度以容納更多座位的加長型787-9（標準座位數280，全長62.8公尺），及長度再增加約5.5公尺的超長型787-10（標準座位數330，全長68.3公尺）等3種。

另外，客機可分為座艙內有2條走道的機種與僅有1條走道的機種，前者為「廣體飛機」，後者是「窄體飛機」。波音767屬「半廣體飛機」則是因為座艙內雖然有2條走道，但機身寬度不如一般的廣體飛機。

半廣體飛機與廣體飛機兩者間的差異，包括前者座位平均較後者少1排，且後者貨艙可以並排堆放「LD-3貨櫃」，而前者的貨艙只能並排堆放小一號的「LD-2貨櫃」等。

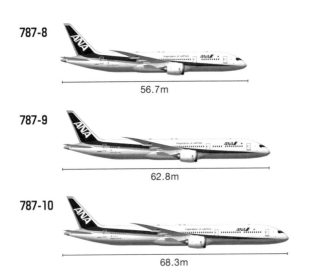

787-8
56.7m

787-9
62.8m

787-10
68.3m

ATR42-600S
以標準型ATR42-600為基礎，強化了「STOL」（short take-off and landing，短場起降）性能的型號，能在更短的跑道起飛。-600型需要1050公尺的距離，而-600S型僅需800公尺。

B777-300ER（俄羅斯航空）

飛機的機型名稱除了表示機身長度或型號的英文字母、數字外，有時也會加上「-LR」、「-ER」、「-F」、「-S」等文字，標示方法或含意隨飛機製造商、機種、時代而有所不同。例如，圖中的飛機是配載了更大的油箱及更有力的發動機等，較基本型號能飛行更長距離的「波音777-300ER」。ER是「extended range」（航程延長）的縮寫。

◆專欄 COLUMN

A380 和波音 787 都是「大型飛機」？

飛機有時會被分類為「大型飛機」、「中型飛機」、「小型飛機」等，但分類的基準究竟是什麼？其實目前並沒有一套明確的標準，像A380有時被歸類為超大型飛機，但有時也只被稱為大型飛機。ICAO（國際民航組織）及FAA（美國聯邦航空總署）是依機尾亂流（wake turbulence）※大小，將飛機分為數個等級（前者為3，後者為4）。依照ICAO的分類，A380及波音787都屬於「大型飛機」（heavy），而FAA則將A380歸類為「超大型飛機」（super）。

※：前後兩架飛機在飛行時若是靠得太近，後機會因前機的機尾亂流干擾而有失事墜落的危險。因此，飛航管制員會根據上述分類做出各種判斷及指示。

有賴「眾人的努力」與
「裝置」來守護飛航安全

飛機起降時，機身遭飛鳥撞擊的狀況稱為「鳥擊」（bird strike）。光是在日本，一年就有超過1000起的鳥擊事件。鳥類體型雖小，但由於是在高速下衝撞，會形成非常巨大的撞擊（圖A）。

發動機若是受損，甚至可能導致墜機。例如，2009年在美國發生的全美航空公司1549航班（A320，雙發動機）事故，便是所有發動機都因遭受鳥擊而停止運作所導致。1549航班後來迫降於哈德遜河，幸好乘客及機組人員全數獲救。

為了防止鳥擊，機場隨時都有巡邏員監視空域。只要發現飛鳥，便會以空包彈或鞭炮聲等進行威嚇、驅趕。

加拿大的艾德蒙頓國際機場則嘗試使用鳥型無人機驅離飛鳥。但夜間巡邏不僅是一項沉重的負擔，要完全將鳥類驅離占地遼闊的機場也幾乎是不可能的任務，因此目前仍然沒有根本解決之道。

保護飛機不蒙受
「電」的危害

飛機的機鼻裝有氣象雷達（圖B）。基本上，飛機是根據雷達接收到的資訊避開雷雨雲飛行，但起降需要穿越雲層或在雷雨雲附近飛行時，仍有可能遭受雷擊。此時，閃電的電流會通過機身外側，由翼尖等處釋放至大氣中，因此機內人員不會觸電。雷擊雖然不會造成飛機失事或無法飛行之類的嚴重損壞，但通訊設備及外觀可能會受損，降落後還是必須進行檢查。

另外，飛行時與空氣或雲層摩擦所產生的靜電，會逐漸累積在

A：遭受鳥擊而破損的A340機鼻。光是鳥擊，日本一年的經濟損失便高達數億日圓。B：整流罩內的氣象雷達（圖片來源：aapsky ©123RF.COM）。C：裝設於主翼後緣及翼尖小翼的「放電索」。

機身上。靜電也可能影響到儀表或通訊設備等，必須設法去除，「放電索」（static discharger）這時便派上用場了（圖C）。放電索裝設於主翼及尾翼等處，能將機身的靜電慢慢釋放至大氣中。釋放不完的靜電會在降落時經由輪胎傳至地面，因此地勤人員接觸到機身也不會觸電。

必須嚴禁機艙內的移動？

為了飛航安全，客機的機身重心必須維持在一定的位置。即使是全長超過70公尺的大型飛機，容許的誤差範圍也只有直徑2公尺左右。因此，沉重的貨物及燃料都必須根據事前縝密計算的結果，以最佳方式堆放。

實際上就曾有過因重心位置偏移而導致事故的案例。2013年4月29日，美國國家航空102航班（波音747-400BCF）從阿富汗的巴格蘭空軍基地起飛後不久，貨物便因為固定鬆脫而移動，導致飛機重心大幅往後方偏移，失去平衡而失速墜毀。

觀光用的小型飛機會要求乘客事先告知體重，或是指定乘客座位，但大型客機只要不是一大群人同時在艙內移動的話，就不會有問題。

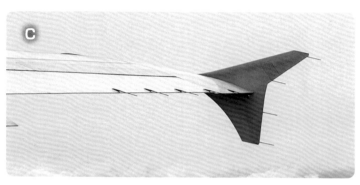

在機翼內設置巨大的燃料油箱

飛　機的機翼一般是由名為「翼梁」（spar）與「翼肋」（rib），以鋁合金及CFRP打造的面狀骨架縱橫交織而成。另外，翼根至翼尖還用像是琴弦般，名為「翼縱梁」（stringer）的棒狀骨架加以補強。這些結構構件外包覆著「蒙皮」，並用「鉚釘」進行固定。

　　部分結構會做成密閉空間，當作油箱使用（機翼整體油箱）。燃料主要存放於主翼，但因機種、規格、航線的關係，有時也會存放在尾翼或中央翼盒（centre wing box，左右主翼與機身連接的部分，位於機身中央底部）內的油箱。

　　將沉重的燃料放於機身中央附近，可以避免攜帶大量燃料時與燃料消耗之後的重心位置改變太多。此外，飛行時會有向上的力（升力）作用於機身，這是一股相當於起飛重量（飛機自身重量＋燃料、人員、貨物等）的龐大力量，而另一方面，向下的力（重力）則會作用於機翼。若燃料全部存放於機身，機翼重量變輕，則會對機翼根部（中央翼盒）造成負擔。將油箱設計安放在機翼（增加重量）可以減少機翼根部的負擔。

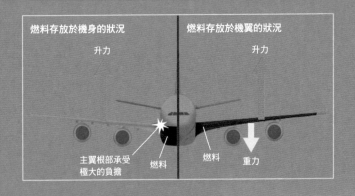

油箱通氣管
油箱內的壓力會隨燃油消耗而逐漸降低，與外部氣壓的差距使得油箱承受巨大負擔。從油箱通氣管吸入外部空氣送至整個油箱可以調整壓力，解決這個問題。

燃料具有壓艙的作用

燃料存放於機身的狀況	燃料存放於機翼的狀況
升力	升力

主翼根部承受極大的負擔　燃料

燃料　重力

主翼、尾翼內的油箱（→）

圖中黃色虛線部分為A380的油箱（未畫出翼縱梁）。機翼內的油箱又再分為許多個小隔艙。燃料是透過油泵供給發動機及APU使用。

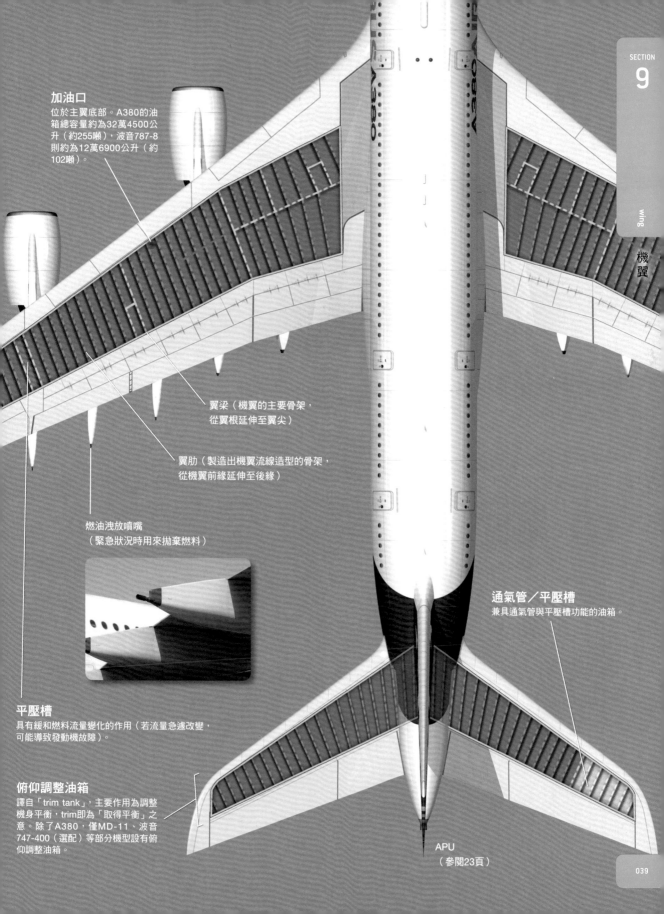

加油口
位於主翼底部。A380的油
箱總容量約為32萬4500公
升（約255噸），波音787-8
則約為12萬6900公升（約
102噸）。

翼梁（機翼的主要骨架，
從翼根延伸至翼尖）

翼肋（製造出機翼流線造型的骨架，
從機翼前緣延伸至後緣）

燃油洩放噴嘴
（緊急狀況時用來拋棄燃料）

通氣管／平壓槽
兼具通氣管與平壓槽功能的油箱。

平壓槽
具有緩和燃料流量變化的作用（若流量急遽改變，
可能導致發動機故障）。

俯仰調整油箱
譯自「trim tank」，主要作用為調整
機身平衡，trim即為「取得平衡」之
意。除了A380，僅MD-11、波音
747-400（選配）等部分機型設有俯
仰調整油箱。

APU
（參閱23頁）

「起落架」負責吸收起降時的衝擊力

重量達數百噸的飛機，起飛時速約達300公里，降落時速則約250公里，起降時產生的衝擊力是由「起落架」（landing gear）負責吸收。位於機頭具起落架功能的是「鼻輪」（nose gear），機身中央的是「機身輪」（body gear），位在主翼的則是「翼輪」（wing gear）。

起落架主要由緩衝裝置與輪胎構成。緩衝裝置內注入油與壓縮氣體，如同彈簧般吸收降落時的衝擊力。單一個輪胎可承受平均超過20噸的力，表面溫度達250℃以上。由於在高空則是暴露於零下50℃的環境中，因此製造飛機用輪胎必須具備高度技術。

汽車用的輪胎磨耗到一定程度後要更換新輪胎，而飛機的輪胎則是會進行「翻修」（retread），僅將輪胎的胎面（tread）更換為新品。這樣不僅能壓低維修成本，還能減少廢棄輪胎。飛機輪胎一般會在300～350次左右的起降後進行翻修。

A380 的機身輪

輪胎（輻射層輪胎）

輪胎乍看之下好像只是一塊橡膠，但其實內部有芳香聚醯胺纖維（尼龍的一種）製成的「帶束層」增加強度，以及聚酯、嫘縈等纖維製成的「胎體」構成骨架。此種胎體的纖維層相對於輪胎表面（胎面）溝紋呈垂直方向排列，稱為「輻射層輪胎」（radial tire），具備輕量且耐久性佳等特徵。

＊過去多是使用斜交輪胎（胎體相對於胎面溝紋呈斜向排列）。

帶束層

胎體

胎面

A380的翼輪及機身輪的輪胎直徑140公分，寬53公分，輪框直徑23英寸。鼻輪的輪胎則略小一些，直徑127公分，寬45.5公分，輪框直徑22英寸。輪胎內部會填充氮氣，以減少輪胎內壓在不同環境下產生的變化。

油壓式緩衝裝置的運作機制

壓縮氣體
煞車油
狹口
汽缸
活塞

油壓式緩衝裝置

輪框

多碟式煞車
降落及滑行時的減速方法。隨輪胎一同轉動的數枚「旋翼碟」（rotor disc）與固定不會轉動的數枚「定片」（stator disc）交錯排列於內部，煞車時會以油壓推擠這些碟盤，藉此使輪胎停止轉動。另外並配載了「防滑煞車系統」，將煞車控制在最佳力道，防止打滑及鎖死。

擁有32個機輪的「An-225 夢想」
（安托諾夫航空）

An-225配載了6具渦輪扇發動機，是全世界最大型的飛機。鼻輪為2具4輪（輪胎直徑112公分，寬45公分），機身輪為7具14輪×2（輪胎直徑120公分，寬51公分），整架飛機的重量便是由這32個輪子來支撐。

An-225是前蘇聯（烏克蘭）安托諾夫設計局於1980年代所設計（1988年首航，生產數1架※），最初目的是為了載運暴風雪號太空梭（Buran），後於2000年代改裝為貨機。駕駛艙也十分寬敞，是由2名飛行員與4名飛航工程師等共6人負責飛航。

※：雖然過去曾進行第2架的製造，但因蘇聯解體而在1994年中止。這架未完成的飛機目前仍沉睡於烏克蘭基輔的倉庫中。

■ 規格

翼展：88.4 m
全長：84.0 m
全高：18.1 m
客艙寬：6.4 m
最大巡航速度：850 km/h
最大起飛重量：64,000 kg
最大酬載：250,000 kg
航程：15,370 km
發動機：D-18T（ZMKB Progress）
最大推力：23,410 kgf×6

貨物是由機頭送入機內。此時會將鼻
輪打斜降低高度，使機身往前傾斜。

COLUMN

退役飛機的最後一站「飛機墳場」

下圖是位於美國加州的「南加州物流機場」。雖然跑道上排滿了飛機,但這些飛機並不是在等待起飛,而是從航空公司功成身退,在確定「下一份工作」前安置於此,或是等待報廢解體。

這裡也被稱為「飛機墳場」,世界上還有許多類似的地方。例如,同樣位在加州的「莫哈維機場」,據說便停放了超過1000架飛機,僅剩機身的飛機及為了回收再利用而拆卸的零件等四散各處(圖B)。

澳洲的「愛麗斯泉機場」其中一部分也是2014年啟用的航機保存設施。這是亞太地區唯一的一座,也是美國以外的首座飛機墳場。此外,專門提供飛機停放及進行飛機解體的西班牙「特魯埃爾機場」,由於停放費用低廉等因素,近年來吸引了許多航空公司前來使用。

全世界最大的飛機墳場則是美國亞利桑那州的「戴維斯-蒙森空軍基地」(圖C)。此處設有名為「第309航空維護與重建大隊」(Aerospace Maintenance and Regeneration Group,AMARG)的軍事設施,存放了超過4200架的軍機,以供「替換零件」使用。

A

這些飛機墳場有個共通點就是位置靠近沙漠，主要原因是濕度低，金屬不易腐蝕。

日本國內的回收事業也正開始起步

日本雖然有多家航空公司，但並沒有這類的飛機墳場。退役的飛機會支付一定費用送往美國的飛機墳場（稱為空機飛渡，ferry flight）。

位於靜岡縣富士宮市的eCONeCOL股份有限公司於2019年購買（得標）了2架退役的日本政府專機轉賣至國外，並以此為契機，開始研究、推動，俾日本國內的航機再利用、回收事業正式上路。

密密麻麻排滿飛機的「飛機墳場」

A：南加州物流機場的35條跑道中，有17條停滿了飛機（2021年6月）。**B**：莫哈維機場一架被解體的波音747。客機的壽命一般約為20～30年。**C**：退役軍機整齊地排列於戴維斯-蒙森空軍基地。

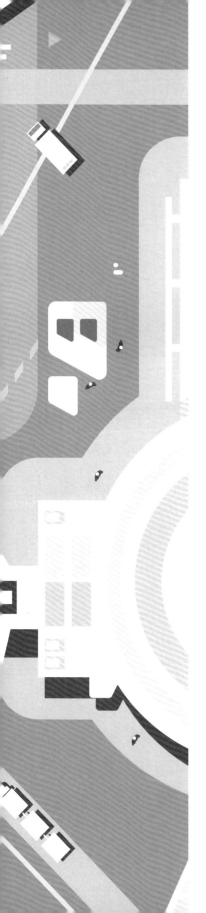

飛機大解構─2

The anatomy of the airplane #2

2

井然有序顯示幕及開關的「駕駛艙」

照片中看到的是平時只有機師才能進入的客機駕駛艙。或許不少人看到各種顯示幕及開關如此整齊地排列在駕駛艙內的景象，會覺得這比轎車的駕駛座還俐落簡潔。飛航所需的資訊過去都是透過類比式儀表傳達給機師，現代飛機則採用「玻璃駕駛艙」，這些資訊大部分都改由顯示幕來呈現。

　　將位於左右駕駛座正面的「操縱桿」前推或後拉，可以控制機頭俯仰（操作水平尾翼的升降舵）；往左或右轉可以控制機身左右傾斜（操作主翼的副翼）。腳邊的「方向舵踏板」則能夠控制機頭往左右移動（操作垂直尾翼的方向舵）。

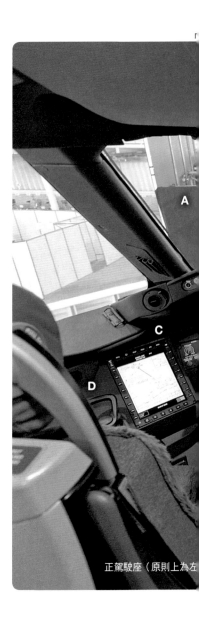

正駕駛座（原則上為左

波音787的駕駛艙（→）

圖示2011年9月28日飛抵羽田機場的第一號波音787。位於中央的五個顯示幕顯現出飛機姿勢及發動機狀態、飛航路線等飛行所需資訊。

①AUX（左）、PFD（右上）、迷你地圖（右下）
外側的顯示幕包括表示航班編號、通訊儀器頻率、日期時間等資訊的「輔助顯示器」（auxiliary display，AUX），以及表示飛機姿勢、速度、高度等資訊的「主飛行顯示器」（primary flight display，PFD）和迷你地圖（方位角度）。

②ND（左）、EICAS（右）
內側的顯示幕包括表示飛航路線、風向、風速等資訊的「導航顯示器」（navigation display，ND），以及表示發動機相關資訊與油量、電力、客艙內壓力等資訊的「發動機顯示和機組警告系統」（engine-indicating and crew-alerting system，EICAS）※。
　　②也可以在一個畫面上僅顯示ND（多功能顯示器），另一邊螢幕的一半顯示EICAS。
※：空中巴士將此功能稱為「航機電子中央監視系統」（electronic centralized aircraft monitor，ECAM）。

③CDU（左、右）
據此「控制顯示單元」（control display unit，CDU）的指示以設定、操作「飛航管理系統」（flight management system，FMS）最核心的電腦部分（飛航管理電腦，flight management computer，FMC）。
　　也可以在多功能顯示器上顯示ND及電力、油壓系統的相關資訊。可透過畫面旁的鍵盤進行操作。

④ISFD
①或②故障時的綜合備援顯示幕（integrated standby flight display），顯示飛機姿勢、速度、高度等。

頭頂面板
操作發動機開關及油壓、燃料、電力等系統的面板。

A. 抬頭顯示器
（機師不需要低頭觀看，就能獲得飛航必要資訊的透視型顯示器）

B. 遮光罩面板
（自動操縱、顯示幕的啟動開關均位於此處。面板上方為遮光罩）

C. EFB（Electronic Flight Bag，電子飛行包）
（可顯示電子化的飛行手冊、辨認飛航路線的地圖、機場資訊等。可透過與地面通信更新即時資訊）

操縱桿

副駕駛座（原則上為右側）

方向舵踏板

後中控台
與飛航管制員等進行對話時使用的無線電，或是與空服員等對話所使用的對講機等均可於此處整合。

D. 鼻輪轉向控制桿
（藉其前後推動可控制鼻輪的左右方向）

E. 油門操縱桿
（調整發動機的輸出）

F. 襟翼操縱桿
（調整主翼的襟翼）

人與電腦合作無間
帶來平穩舒適的飛行

於 1980年代之後開發的主要客機，除了起飛以外的飛行（巡航及降落）操作，大多是交由名為「飛航管理系統」（FMS）的裝置負責。例如，掌握飛機位置、維持飛行高度、依照設定好的路線飛行（自動駕駛）、對發動機的輸出做精密控制以獲得最佳油耗等，全都是自動進行的。

屬於目前最新機種的波音787，在遭遇亂流或單具發動機

A380的駕駛艙

＊圖片來源：空中巴士

故障等特殊狀況時，會自動控制機翼（操縱桿）以維持飛機姿勢（過去必須由機師自行控制）。

線傳飛控使飛行搖桿成真

下圖為A380的駕駛艙，但圖中看不到類似波音787的操縱桿。A320之後的空中巴士客機使用的是「飛行搖桿」（sidestick）裝置。戰鬥機同樣採飛行搖桿的設計，由於不需要大動作操作，長時間飛行也較不易累積疲勞，並能有效運用空間。

飛機上之所以能採用飛行搖桿，要歸功於「線傳飛控」（fly by wire，FBW）系統。飛機上各裝置之間的操控，過去是透過拉桿等機械方式相互連動操作，

線傳飛控則改由電腦※透過纜線傳輸信號取代。

雖然空中巴士跟波音皆採用了線傳飛控，但波音客機卻全採操縱桿操作。會有這樣的差異，是因為兩家公司在設計上的根本思維不同。波音認為操縱飛機的「主角」終究是「飛行員」（人），但空中巴士為了防範人為疏失，認為「電腦」才是主角。

例如，進行自動駕駛時，波音飛機的左右操縱桿、方向舵踏板、油門操縱桿都會動（飛行員能藉由視覺、感官掌握目前正進行何種操作），空中巴士的飛機則不會，由此可知兩家公司之間的差異。但無論是哪一家公司的飛機，在遭遇緊急狀況時，都還是由飛行員進行最終判斷。

※：初期的線傳飛控是由類比式電腦控制的「類比式線傳飛控」，A320以後的客機採用的是由數位電腦控制的「數位式線傳飛控」。

顯示器
左起分別為PFD、ND、ED（engine-warning display，顯示ECAM中與發動機相關的資訊）、ND、PFD。其下方為CDU※/多功能顯示器、SD（system display，顯示ECAM中油壓、電力、空調等系統的相關資訊）、CDU/多功能顯示器。

機載資訊終端機
可顯示辨識飛航路線的地圖（航空圖）及養護狀況等各種資訊。

飛行搖桿
A320是第一款採用此設計的客機。可前後16度、左右20度傾斜，為防止誤觸，傾斜角度越大，需要越大的力氣操作。飛行搖桿設計所空出來的空間設置了鍵盤，可輸入資訊至飛航管理系統（FMS）。
※：空中巴士稱為「資料連接控制顯示單元」（datalink control and display unit，DCDU）。

透過各種設計與巧思
打造出舒適的客艙環境

為了提供乘客舒適的搭乘體驗，客機的座艙有各式各樣的巧妙設計。

首先，座位上方設有可收納隨身行李的「行李置物櫃」（overhead bin）[1]。以A350 XWB的行李置物櫃為例，放得下5個可帶上飛機的登機箱（規格約為長40公分×寬25公分×高55公分）。另外，某些機型的置物櫃頂部還裝設了鏡子，這面鏡子和座椅側面下方的踏板，能幫助旅客更輕鬆地拿取行李。

艙內的空氣是藉由發動機從機外取得的。外部的空氣會先通過非常緻密[2]的「HEPA濾網」（high-efficiency particulate air filter）進入空調系統，再經由天花板的管線送至客艙。客艙內的空氣經過循環後會往牆壁下方流動，從外流閥（參閱22頁）排出機外。透過上述機制，一般大型客機艙內的空氣僅需2～3分鐘左右便能全部循環一遍。

至於艙內的用電，則主要是靠安裝於發動機的發電機提供。

座位上方行李
置物櫃內的鏡子

※1：設在座位上方的行李置物櫃還有像overhead compartment、overhead storage等不同的英文名稱。

※2：僅0.3微米（微為100萬分之1）大小的粒子有99.97%可予捕捉。

在機艙內循環的空氣

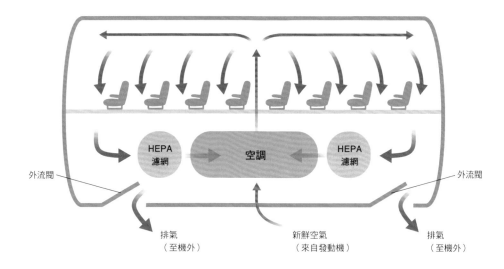

＊參考資料：JAL網站

窗戶與遮陽板

客機的窗戶皆裝有可上下滑動的手動式遮陽板，波音787則採用以按鈕控制窗戶透光度的電控變色窗。

準備各式餐點的「廚艙」與 供人員小憩的「機組員休息室」

客 機內的廚房稱為「廚艙」（galley），提供給乘客的飲料及餐點都是在這裡準備的。長途飛行的國際航線廣體飛機大多將廚艙設在客艙最前、最後方，或不同艙等的交界處，共3～4處。

雖說是廚房，但並不會使用爐子或鍋具，僅僅負責加熱（冷卻）或擺盤已調理好的餐點[※]。餐點是在地面的工廠調理製作，裝入專

客機的廚艙（參考範例）

空氣冷卻機
輸送冷空氣，可用來冷卻餐車。

輕食及備品收納於此。

咖啡機

餐車（內部）
裝有餐點的「餐車」及裝有酒類、無酒精飲料的「飲料車」皆收納在門內。

裝飲用水或倒水用的小「水槽」。

蒸氣爐
利用高溫蒸氣加熱食物。

用器材（餐車）後，由名為「冷藏食勤車」的卡車運送至機艙內。據負責打造廚艙的日本Jamco公司透露，滿載食物的餐車最重可達150公斤。

另外，相信搭過飛機的人應該都還有一個疑問，就是機師和空服員到底是在哪裡休息呢？如果是短程航班的話，機組員會在廚艙或專用座位休息，長時間飛行的國際線航班則設置了只有機組員能進入的「機組員休息室」，供機上組員躺在床上小睡片刻。機組員

休息室的位置因機種（規格）而有所不同，通常位在客艙的天花板上、最後方或低艙。

※：JAL及ANA部分航線，會在機上炊煮米飯供高級艙等的乘客享用。

機組員休息室（波音777）

真空馬桶是應用機艙內外的氣壓差來運作的

聽起來也許讓人難以置信，但其實機上洗手間的排泄物在過去是直接排放至空中處理掉的，直到1960年代以後，才開始在機內設置能進行「處理」的馬桶（儲存式、循環式）。順帶一提，雖然排泄物會在高空結凍，於掉落的過程中化作粉末，但偶爾還是會在結塊的狀態下落地，造成建築物毀損等意外。

現代客機的洗手間都是利用「真空」方式處理排泄物。按下沖水鍵後，連接馬桶與存放排泄物的污水儲存槽間的管線會打開閥門。污水儲存槽有與機外相通的孔洞，因此馬桶與污水儲存槽間會產生氣壓差。空氣具有「從高氣壓處往低氣壓處流動」的特性，於是排泄物便會和少量的水一同被吸往污水儲存槽。飛機降落後，地面會有水肥車負責回收污水儲存槽內的污物。

一架飛機的洗手間數量通常隨航空公司或機種而有所不同，以ANA的波音787-8（240席和184席座位的機型）為例，共設有7間洗手間。該機型率先採用了溫水沖洗（免治）馬桶，部分洗手間內並設有窗戶，舒適性較過去更為提升。

洗手間（波音787）

機艙內馬桶的運作原理

馬桶（來自廚艙的污水）

閥門　　　　　　　　　　真空抽風機

空氣

污水儲存槽
（waste tank）

＊各部位之位置及形狀為示意圖。

＊圖片來源：Jamco

如何運送貨物及行李上飛機？

大型客機的客艙下方（低艙），通常規劃為載運貨物及行李的貨艙。貨物基本上都是集裝在所謂「單位承載設備」（unit load device，ULD）的運輸器材內，而散裝行李及乘客的行李（一部分）、寵物等，則是放於低艙最後方的「散裝貨艙」。

ULD的種類包括可裝入各種貨物的金屬製貨櫃，以及用來承載貨櫃裝不下貨物的「棧板」（pallet），兩者皆有各式各樣的規格。例如，「LD-3（AKE）」貨櫃的尺寸是長（上底192公分，下底148公分）×寬137公分×高158公分。從尺寸可以看出，貨櫃並非正立方體造型，而是配合機身形狀將其中一面做成倒梯形（載運時是兩兩排在一起）。

為了確保飛航安全，客機必須將重心位置及全體重量控制在規定的容許範圍。因此貨物是遵循名為「配平員」（load controller）的工作人員針對每架班機事先製作的艙單（load sheet）裝載上機。若無法單憑乘客及貨物調整重心位置，就必須再加載一定重量的壓艙物（ballast）。

貨艙配置範例
（波音787-8）

前貨艙
最多可容納16個LD-3貨櫃（2×8列），若為棧板（96塊棧板）則最多可容納5堆。

後貨艙
最多可容納12個LD-3貨櫃（2×6列），若為棧板（96塊棧板）則最多可容納4堆。

散裝貨艙
約長（長邊）2.9公尺×寬2.6公尺×高1.7公尺的空間。

**波音747-400BDFS
（泛航貨運航空）**

若為專用貨機或客貨混載，客艙也會用來載運貨物。
小型飛機的貨艙大多設計在機身後段或機尾。

2個貨櫃正要
裝入機內

裝有家畜的木箱堆放於
貨艙內的棧板上

COLUMN

行李在機場託運後將如何送抵目的地？

在機場的航空公司櫃台託運行李之後，我們便可以在目的地機場的行李提領處（baggage claim）領回，無論是要轉機，或搭往國外也都一樣（雖然偶爾會下落不明……）。行李在旅途中究竟經歷了什麼，最後才又回到我們手上呢？本單元將舉例予以介紹。

透過標籤管理行李

機場地勤人員秤過行李的重量後，會先在行李上黏貼印有必要資訊的標籤貼紙。接下來在旅途中，全都是透過標籤上的條碼進行管理。

行李接著被放上輸送帶，由後方的X光機檢查行李內是否有不能上機的違禁品※，然後送往整理行李的「分揀區」（sorting area）。

分揀區設置了橢圓形的輸送帶，工作人員會評估運送過來的行李重量、大小等，將行李裝入依目的地、航班準備好的貨櫃中，塞滿貨櫃。1個LD-3貨櫃大約可裝50件行李。

裝有寵物的籠子或是大型樂器等需要優先處理的行李，由於要送入散裝貨艙，會一起裝到其他貨櫃。上述作業完成後，貨櫃接著被搬上拖車。

牽引車會將拖車牽引至飛機附近，工作人員

A

自拖車卸下的貨櫃（行李）則由升降平台車或滾帶車送入貨艙。貨艙內會進行加壓，因此行李在飛行途中所處的環境和乘客是一樣的。

　　飛機抵達目的地後，會以相同方式卸下貨物。從貨櫃中拿出來的行李一一放上行李轉盤（baggage carousel）後，便可與我們在行李提領處重逢。

機場地勤是幕後的無名英雄

　　除了處理行李，機場管制區、停機坪等處，還有許多負責引導飛機、機內清潔等各項職務的工作人員，多虧有這些統稱為「地勤」（ground handling）的業務及工作人員在背後支持，客機才得以順利飛行。

※：大型鋰電池及打火機等。某些機場及航空公司會在託運行李前就進行X光檢查。

（←）機場的幕前與幕後

A：在管制區內從貨櫃卸下乘客行李，再裝上輸送帶的工作人員（俄羅斯聖彼得堡）。B：輸送帶會連接至行李提領處（美國科羅拉多州）。

飛機憑藉「升力」
飛上天空

飛機（客機）的起飛速度幾乎與F1賽車相同。F1賽車是以高速疾駛於地面，那飛機是如何飛向天空呢？

從飛機的機翼截面可看出，機翼呈前方圓潤、後方尖銳的流線型。流線的造型不僅能減少飛機前方氣流所形成的阻力，還能有效產生將機翼往上托的「升力」。飛機便是利用這種特性使機身飛起來的。

若比較超大型飛機A380與中型飛機A220的主翼，會發現兩者間的差異並不是單純將相同形狀「放大」、「縮小」而已※。假設將某架飛機的長、寬、高都放大一倍的話，體積會變成2×2×2＝8倍，機身重量同樣也會變為原本的8倍，但機翼面積則只有2×2＝4倍。由於升力大小與機翼面積成正比，因此如果機翼只是單純等比例放大，將無法產生足夠托起機身的升力（以這個例子而言，升力只有原來的4倍）。

※：細節處的差異先不列入考慮。

產生升力的機制

主翼上方的空氣流動較快（壓力較低），下方空氣流動較慢（壓力較高），如此一來，便會產生由下往上托起機翼的升力（白努利定律）。讀者也可以自己做個實驗，拿一張紙放在靠牆處，然後對紙與牆壁之間的縫隙用力吹氣。快速流動的空氣會造成縫隙的壓力下降，並產生一股將紙往牆壁壓擠的力。

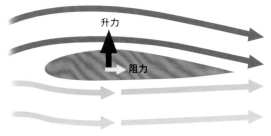

機翼上方（空氣流動較快）

升力

阻力

機翼下方（空氣流動較慢）

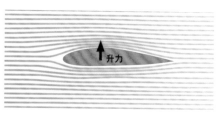

流線型的機翼即使攻角（機翼相對於風的傾斜角度）為0°，也能獲得升力。

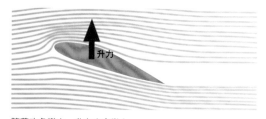

升力

隨著攻角變大，升力也會變大。

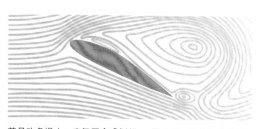

若是攻角過大，空氣層會「剝離」，翼面得不到升力（形成失速）。

F1賽車的原理正好與飛機相反

專欄 COLUMN

飛機是利用空氣的流動「飛起來」，F1賽車則相反，是利用空氣的流動將車身「壓在地上」。F1賽車的前後都裝有板狀的「翼」，當車身前方的氣流通過這些翼的上方時，會產生向下作用的「下壓力」（負的升力）。由於車身被這種有時高達數噸的力壓在地面，因此F1賽車不僅不會懸空，還能以較一般汽車更快的速度奔馳於賽道。

負的升力其實也會作用於飛機的水平尾翼。主翼（機身的重心附近）得到的升力會使機頭下俯，所以要藉由在水平尾翼（機尾）產生負的升力取得前後平衡。

幫助飛機起飛的三個關鍵部位

飛機起飛時的速度越高，或是機翼面積越大，產生的升力就越大。由於速度的上限受到國際規範限制（也有針對噪音的限制），機師為了更有效獲得升力，會在從停機坪滑行至跑道的途中，打開平時收納於主翼的「縫翼」（slat）與「襟翼」（flap），以增加主翼面積。

當跑道上的飛機因發動機的推力加速至「V_R（抬頭速率）」時，機師會升起水平尾翼後緣的「升降舵」（elevator）。升降舵上揚時，作用於水平尾翼的負升力會變大，如此一來等於將機尾往下壓（機身的前後平衡產生變化），機頭便會仰起。這樣得以增加主翼與氣流間的角度，產生更大的升力，讓飛機離地。

雖然會隨機型及外在條件而有所不同，一般而言大型客機起飛時的爬升角度（爬升角）約為15度。機翼（主翼）的攻角若超過一定角度，會造成失速，有可能導致失事，因此起飛時必須謹慎以對。

飛機（客機）起飛示意圖

1.（↓）
在放下襟翼的狀態時，飛機藉由發動機的推力加速。

＊一旦超過「V_1」（中斷起飛速率：因跑道長度及機身重量而異，通常約為時速260公里），即使一部發動機出問題停止運轉，仍可直接起飛。這是因為就算想要煞停，飛機也會衝過跑道盡頭。

起飛時於機翼產生升力

於主翼產生升力

機身後段下沉

機頭上揚

於水平尾翼產生負的升力

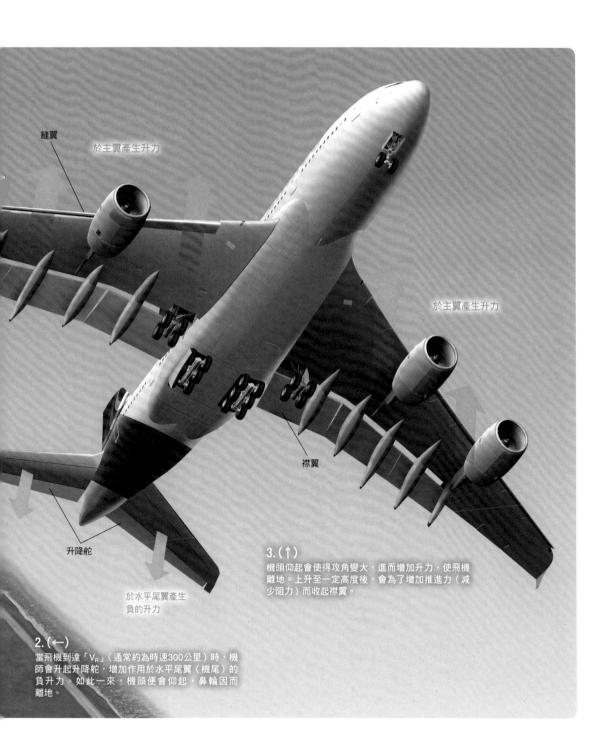

縫翼

於主翼產生升力

於主翼產生升力

襟翼

升降舵

於水平尾翼產生
負的升力

3. (↑)
機頭仰起會使得攻角變大，進而增加升力，使飛機
離地。上升至一定高度後，會為了增加推進力（減
少阻力）而收起襟翼。

2. (←)
當飛機到達「Vn」（通常約為時速300公里）時，機
師會升起升降舵，增加作用於水平尾翼（機尾）的
負升力。如此一來，機頭便會仰起，鼻輪因而
離地。

透過飛行操縱翼面來控制機身姿勢

要控制正在空中飛行的飛機，必須操作負責滾轉（rolling，機身的傾斜）、偏航（yawing，左右方向的動作）、俯仰（pitching，上下方向的動作）這3種方向的舵。上述動作分別由主翼的「副翼」（aileron，右圖A）、垂直尾翼的「方向舵」（rudder，右圖B）、水平尾翼的「升降舵」（右圖C）所控制，這些合稱為「飛行操縱面」（flight control surface）。機師對飛行操縱面進行操控，流經機翼表面的空氣角度及作用於機翼的升力便會出現變化，從而改變飛機姿勢。

飛行操縱面相對機翼整體面積所占的比例非常小。只要操控這些部位，就能控制整架飛機的飛行姿勢，即使是全長超過70公尺的巨型飛機也一樣，這究竟是為什麼呢？其實這與飛行操縱面的位置有關。由於這些飛行操縱面全都遠離重心（機身中央附近），可以起到槓桿的作用，因此就算產生的力並不大，仍足以改變飛機的飛行方向。

滾轉
以機身前後方向為軸，往左或右側滾的動作。

A. 副翼

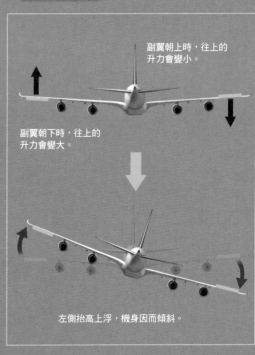

副翼朝上時，往上的升力會變小。

副翼朝下時，往上的升力會變大。

左側抬高上浮，機身因而傾斜。

副翼負責控制滾轉。兩邊副翼分別往不同方向作動，便能使機身傾斜。主要用於轉向時（同時會搭配方向舵一起使用）。

專欄 COLUMN
彩虹般的光其實是「布羅肯現象」

從飛機窗戶往外看，有時會看到飛機映在雲層上的影子周圍有一小圈七彩光環，十分燦爛絢麗，這就是所謂「布羅肯現象」（Brocken specter），又稱布羅肯幽靈。當光線照到霧氣般的小水滴或冰晶發生「折射」散開時，便會出現光環。若霧氣粒子整齊一致的話，光的色彩會完美分散，光環因此看起來有如彩虹一般。

偏航
以機身上下方向為軸，往左或右轉向的動作。

俯仰
以左右方向為軸，往上或下俯仰的動作。

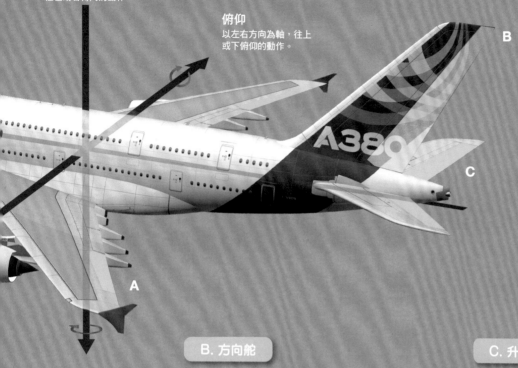

A

B

C

A380

B. 方向舵

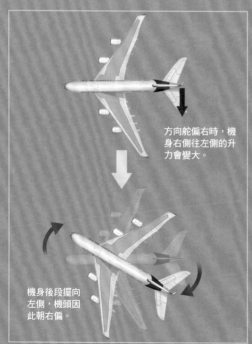

方向舵偏右時，機身右側往左側的升力會變大。

機身後段擺向左側，機頭因此朝右偏。

方向舵負責控制偏航。藉由改變風相對於垂直尾翼的流動角度，使機頭往左或右擺。

C. 升降舵

升降舵朝上時，往下的升力會變大。

機身後段下沉，機頭因此上揚。

升降舵負責控制俯仰。藉由改變風相對於水平尾翼的流動角度，使機頭上揚或下沉。在起飛及降落時的作用尤其重要。

默默扮演關鍵角色的
垂直尾翼以及水平尾翼

與 主翼相比，雖然垂直尾翼及水平尾翼很少被注意到，但其實在飛行時也扮演著很重要的角色。

例如，機身右側如果突然有強風吹來，造成原本穩定飛行的飛機機頭往左偏（下圖**1**），此時風（氣流）接觸垂直尾翼的角度會改變，在垂直尾翼產生由右往左的升力（紅色箭頭）（**2**）。機身後段會因這股升力往左擺（機頭往右擺），於是得以恢復穩定的姿勢（**3**）。

上下方向也因為水平尾翼的作用，會以相同機制產生力，令飛機自然恢復原本姿勢。這個機制叫作「風標穩定性」，與風向雞（風向儀）總是指向上風方向的原理相似。

現代大型客機的垂直尾翼與水平尾翼大多是以右方照片中的方式配置，不過也有各種不同的型態。

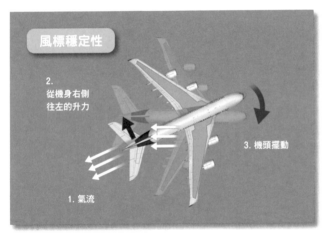

風標穩定性

2.
從機身右側
往左的升力

3. 機頭擺動

1. 氣流

B. T型尾翼
（MD-80，達美航空）

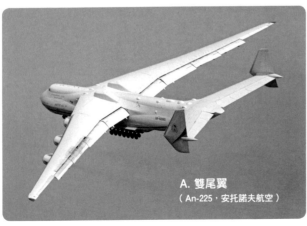

A. 雙尾翼
（An-225，安托諾夫航空）

C. 十字尾翼
（SE-210 卡拉維爾，SAT Flug）

A：水平尾翼兩端分別配置了垂直尾翼。同樣是載運太空梭用的太空梭運輸機（shuttle carrier aircraft，SCA）的尾翼則接近一般型（見第152頁）。這是因為An-225最初就是基於將太空梭背負在機身上方載運的構想所設計。**B**：水平尾翼的位置接近垂直尾翼的頂部，是後置引擎飛機常見的設計。**C**：水平尾翼位於垂直尾翼的中段附近。採用這種設計的原因與T型尾翼相同，是為了避免發動機造成的干擾，以及垂直尾翼的尺寸、強度問題（無法做成T型）等。**D**：現代大型客機最常見的垂直尾翼與水平尾翼造型。

D. 一般型
（A330，荷蘭皇家航空）

從地面發送電波引導飛機遵循降落路線

與　巡航相同,現代客機有時是透過FMS（飛航管理系統,參閱50頁）以自動操作的方式進行降落。但如果條件不符合或為了維持機師的技術等,也會依靠機場的

「儀器降落系統」（instrument landing system,ILS）發送的電波（資訊）,由機師手動操作。

　　ILS是由左右定位台（localizer）、滑降台

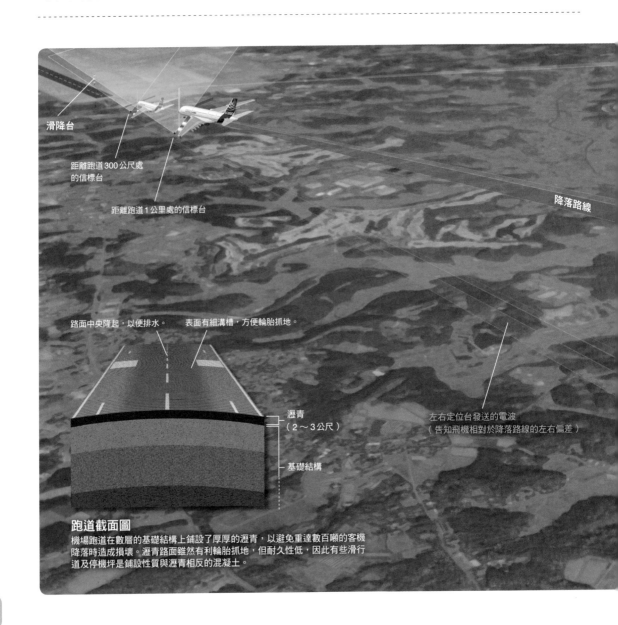

滑降台

距離跑道300公尺處的信標台

距離跑道1公里處的信標台

降落路線

路面中央隆起,以便排水。　　表面有細溝槽,方便輪胎抓地。

瀝青
（2～3公尺）

基礎結構

左右定位台發送的電波
（告知飛機相對於降落路線的左右偏差）

跑道截面圖
機場跑道在數層的基礎結構上鋪設了厚厚的瀝青,以避免重達數百噸的客機降落時造成損壞。瀝青路面雖然有利輪胎抓地,但耐久性低,因此有些滑行道及停機坪是鋪設性質與瀝青相反的混凝土。

（glide path）、信標台（marker beacon）所組成。「左右定位台」設置於跑道盡頭（底端），往跑道中心線稍微偏右側及左側的方向發送不同頻率的電波。機師可以藉由比較這兩種電波的接收強度，進而得知飛機相對跑道中央，也就是飛行路線的左右偏差程度。

「滑降台」也一樣，是從跑道側邊往降落路線的稍微偏上及偏下方向，發送不同頻率的電波。機師可藉此得知飛機相對於飛行路線的上下偏差程度。

至於「信標台」則設置於距離跑道盡頭約300公尺、約1公里、約7公里等處，往上空發送電波。機師可藉由飛機接收到的電波得知與降落地點間的距離。

21

landing ①

降落①

信標台發送的電波
（告知與跑道間的距離）

滑降台發送的電波
（告知飛機相對於降落路線的上下偏差）

距離跑道7公里處的信標台

透過ILS
引導客機降落

噴射客機
如何煞車

準備降落的飛機（客機）會降低發動機的輸出，慢慢的降低高度，同時逐漸放下襟翼，減速至接近降落速度。此時機身下降的角度（下降角）大約為3度。

起落架一接觸到跑道的地面，擾流板（spoiler）就會一起打開，增加空氣阻力，並同時藉由輪胎（輪框）內的煞車減速，使飛機的速度慢下來。

噴射客機的發動機本身也有煞車的作用。你是否有印象，飛機降落時發動機的聲音會突然變大？這其實是「反向噴射」造成的。原理是打開發動機罩，使發動機內的旁通氣流往斜前方噴出（形成阻力），產生煞車作用。

渦輪螺旋槳飛機雖然無法反向噴射，但可以改變螺旋槳葉片的角度（可調螺距螺旋槳），產生相反方向的推力，藉此得到相同效果。

反向噴射的機制

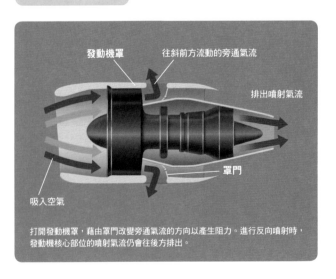

發動機罩　　　往斜前方流動的旁通氣流

排出噴射氣流

罩門

吸入空氣

打開發動機罩，藉由罩門改變旁通氣流的方向以產生阻力。進行反向噴射時，發動機核心部位的噴射氣流仍會往後方排出。

A：即將落地的客機。B：起落架一接觸到地面，擾流板就會馬上打開。C：進行反向噴射的波音767發動機（聯合航空）。

協助飛機起降平順的「助航燈光」

輔助飛機（航空器）飛航平順的燈光設備 ——「助航燈光」，大致上可以分為兩類。

到了晚上，機場的跑道、滑行道、停機坪等處可以看到有如五彩燈飾般的「機場燈光」，這些燈光的作用是將跑道形狀及進場角

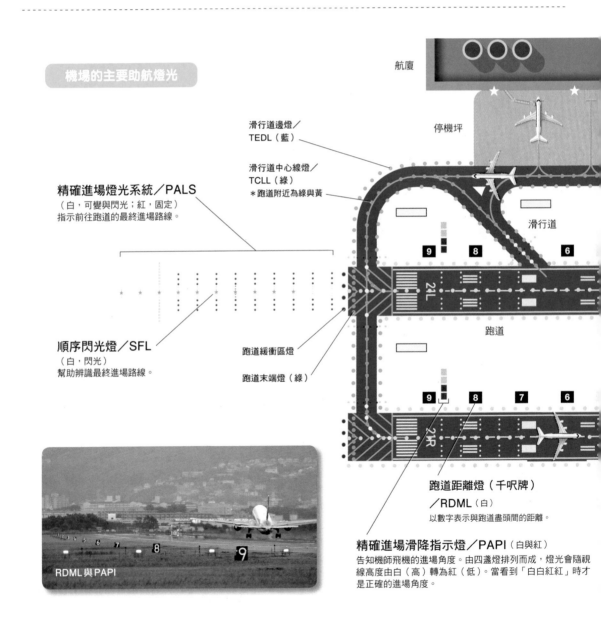

機場的主要助航燈光

航廈

停機坪

滑行道邊燈／
TEDL（藍）

滑行道中心線燈／
TCLL（綠）
＊跑道附近為綠與黃

滑行道

精確進場燈光系統／PALS
（白，可變與閃光；紅，固定）
指示前往跑道的最終進場路線。

24L

跑道

順序閃光燈／SFL
（白，閃光）
幫助辨識最終進場路線。

跑道緩衝區燈

跑道末端燈（綠）

21R

RDML 與 PAPI

**跑道距離燈（千呎牌）
／RDML**（白）
以數字表示與跑道盡頭間的距離。

精確進場滑降指示燈／PAPI（白與紅）
告知機師飛機的進場角度。由四盞燈排列而成，燈光會隨視線高度由白（高）轉為紅（低）。當看到「白白紅紅」時才是正確的進場角度。

度等狀況告知準備起降的飛機。燈光有多種顏色，例如跑道中央、兩端的燈主要是白光，與跑道相連的滑行道中央為綠光，兩端則是藍光。另外，跑道盡頭及飛機應該停止的位置等，使用的是代表警戒的紅光。

另一類助航燈光是航空法令所規定，必須設置於高地表或水面60公尺以上，稱為「航空障礙燈」。不同高度、寬度使用的燈光種類、位置、數量等都有定規。例如，大樓使用的是「低亮度航空障礙燈（紅光）」及「中亮度航空障礙燈（閃爍）」。鐵塔、煙囪等則設置「高亮度航空障礙燈」（白色閃光）、「中亮度白色航空障礙燈」（閃光）。

助航燈光

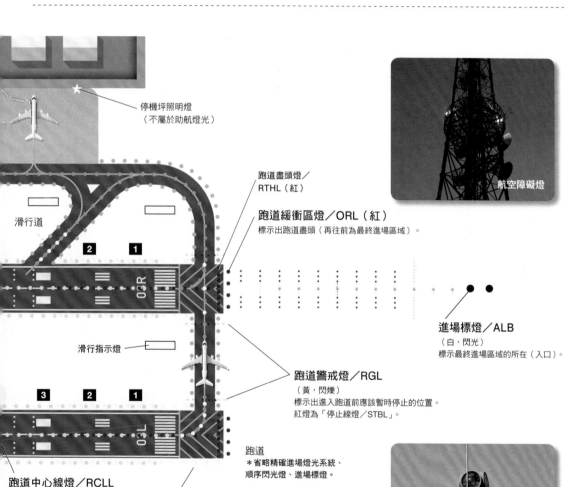

停機坪照明燈
（不屬於助航燈光）

滑行道

滑行指示燈

跑道盡頭燈／
RTHL（紅）

跑道緩衝區燈／ORL（紅）
標示出跑道盡頭（再往前為最終進場區域）。

航空障礙燈

進場標燈／ALB
（白，閃光）
標示最終進場區域的所在（入口）。

跑道警戒燈／RGL
（黃，閃爍）
標示出進入跑道前應該暫時停止的位置。
紅燈為「停止線燈／STBL」。

跑道
＊省略精確進場燈光系統、
順序閃光燈、進場標燈。

跑道中心線燈／RCLL
（白，可變；紅，固定）
基本上為白光，隨著接近跑道盡頭，
會變為紅白光連續互換、紅光。

跑道邊燈／REDL
（白，可變；黃，固定）
間隔60公尺設置的白色燈光，標示出
跑道邊緣。接近盡頭會變為黃光。

機場標燈／ABN（→）
（白與綠，閃光）
標示機場、飛行場位置。

「飛航管制」負責疏導
空中交通及飛機的「管理」

所有飛機從起飛、巡航、直到降落為止,都是遵循飛航管制員的指示飛行,稱為儀器飛行規則(instrument flight rules,IFR)[※1]。

以臺灣為例,在機場半徑約9公里、高度900公尺的管制圈內是由「機場管制」,離開管制圈後半徑約100公里[※2]的近場管制區,則由「近場管制塔台」以雷達螢幕、無線電負責管控飛機。

機場管制與終端雷達管制

負責進行機場管制的,是位於機場內的「塔台」。塔台最上層的目視飛行管制室(VFR室)360度皆是玻璃落地窗,負責各項業務(稱為「席」)的飛航管制員會以目視確認,向飛機發出起飛、降落許可,或指派滑行時的滑行道。

位於塔台的雷達室(IFR室),是由近場管制塔台的飛航管制員根據雷達提供的資訊,為飛機導引航路(飛機應該飛行的路線)及最終進場路線(降落)等。

近場管制區外由「區域管制中心」負責

飛機離開近場管制區,飛行高度超過2萬呎以上後,接下來就是由「區域管制中心」接手管制。臺北飛航情報區係由設於北部飛航服務園區(桃園)的臺北區域管制中心提供本項服務。當航機的航程超過該情報區的空域範圍時,就要與相鄰飛航情報區的管制員交接管制權責,讓航機能順利往返目的地。

當飛機在雷達無法偵測到的海洋上飛行時,飛航管制員會根據機師傳來的資訊進行管制業務。

[※1]:自用小型飛機及新聞採訪用直升機等在一定範圍內,需要遵守飛航管制員的指示,但除此之外可依飛行員自身判斷飛行,稱為目視飛行規則(visual flight rules,VFR)。

[※2]:管制圈與近場管制區的範圍隨機場而異,不包括非管制空域。

塔台

有飛航管制員進行管制的機場稱為「塔台機場」,而沒有飛航管制員的機場則稱為「偏僻機場」。以日本來說,這類機場會有派駐於日本各地飛行援助中心(flight service center,FSC)之飛航管制通訊員,透過無線電向飛機提供資訊(不進行管制)。另外也有機場的塔台沒有飛航管制員,僅有飛航管制通訊員派駐(無線電機場)。

* 偏僻機場與無線電機場有時也稱為「無塔台機場」。

飛
航
管
制

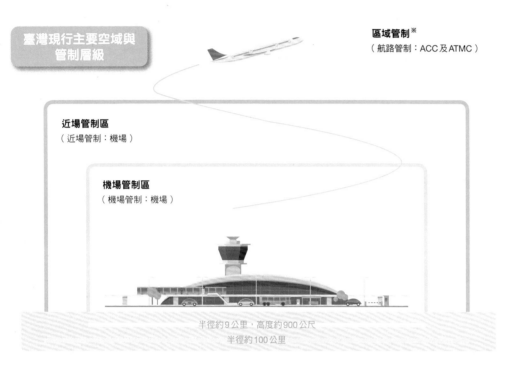

臺灣現行主要空域與
管制層級

區域管制※

（航路管制：ACC及ATMC）

近場管制區

（近場管制：機場）

機場管制區

（機場管制：機場）

半徑約9公里，高度約900公尺

半徑約100公里

※：無塔台機場則為「航空交通資訊圈」。

日本的空域

為確保飛機順利飛行，國際民航組織
（ICAO）將全世界的空域劃分成了一
塊塊由各國負責管理的區域（飛航情
報區，FIR）。日本負責的空域為「福
岡飛航情報區（福岡FIR）」，福岡FIR
又進一步分為札幌ACC、東京ACC、
福岡ACC、神戶ACC、其他區域等五
塊。四個ACC由航空交通管制部負責
管制，其他區域則由航空交通管理中
心（ATMC）負責管制。

札幌ACC

東京ACC

福岡飛航情報區（福岡FIR）

福岡ACC
（西日本高高度）

ATMC

神戶ACC
（西日本低高度）

PACIFIC
OCEAN

＊圖為2022年4月起之劃分。2025年會再重新劃分。

降落之後要迅速
為下一趟飛行做準備

飛機降落抵達停機坪後，機身就會接上空橋或有登機梯車停放在一旁供旅客下機，而地面則有工作人員將貨艙內的貨櫃及行李搬出。一般而言，國內線班機在45～60分鐘後，國際線班機在約2小時後就要進行下一趟飛行，在這段期間內，必須完成機身檢查（停機線維修※）、加油、機內清潔、裝載或卸下餐點及備品等工作。

除了飛機檢修人員外，機長也要親自參與停機線維修，透過目視檢查機身有無異常、輪胎有無磨耗等，若有異常常則必須在起飛前完成修理。現代客機都能夠在飛行的同時與地面通訊，告知機身狀況，因此檢修人員便能根據事先準備的零件及評估迅速進行檢修工作。

※：檢查項目包括胎壓、機油等。

牽引車
（→80頁）

空橋
連接航廈與機身的設備，供乘客及機組員下機（或登機）用。
前端底部裝有輪胎，可配合機門位置升降或移動。

冷藏食勤車
（→81頁）

垃圾車
回收、載運機內的垃圾。

供水車
供應機內使用的水。以JAL及ANA的國際線班機為例，一趟飛行搭載的水量約為1200公升（1.2噸）。

氣源車（ASU）
提供啟動發動機用的壓縮氣體。在不使用機身後段的APU（輔助動力裝置）時會用到。

加油車
客機加油有兩種方式，一種是由設有油槽的車輛從地面的加油口將燃料抽送至飛機，另一種則是透過沒有油槽的車輛直接加油。若為後者，機場會連設地下管線連接加油口與設置於其他點的大型油槽。

接駁巴士
若飛機不是停靠在航廈旁，就會由接駁巴士將乘客載運至飛機旁（或由航廈載運至飛機）。接駁巴士較一般使用的接駁巴士長且寬，車門也更大。

準備中的A380

客機抵達機場後，進行一連串檢修及準備，到載運新一批乘客出發起飛為止的時間稱為「週轉時間」。這段時間隨航空公司及機型而有所不同，但通常廉價航空公司（LCC）的週轉時間會較傳統大型航空公司短。

飛航安全必需的
保養檢修

客機結束一天的飛行後，會停放於機棚或至機外停機坪，進行夜間保養、檢修，為隔天的飛行做準備。飛機每飛行300～500小時或約1個月後，會進行「A級檢查」，以檢查發動機、標翼、煞車等重要零件為主，作業時間約6～8小時。

定期檢查還有兩種，分別是C級檢查及D級檢查※1。「C級檢查」會拆卸機身各部裝置，並檢查發動機、油壓、電力系統等連細部都深入檢查維修。飛機在飛行4000～6000小時後，或每隔1～2年會進行一次C級檢查。

「D級檢查」（M級檢查，也稱為HMV※2）最為仔細，需動員50～100人，耗時約1個月，每4～5年會進行一次。除了C級檢查

的內容外，還會拆下座椅及所有內裝，將機身分解至露出骨架（大修）的程度進行檢修，並重新塗裝。飛機經過D級檢查後將會煥然一新，再次翱翔於天空。

※1：另外還有約每1000小時進行的「B級檢查」（保養、檢查較A級檢查更詳細），但實施條件可能隨航空公司及機型而異。
※2：heavy maintenance visit的縮寫。

檢修中的客機

牽引車
由於客機禁止以本身的動力倒退，因此出發時必須由牽引車推動（後推）離開泊位。

地面電源車（GPU）
位於機尾的APU無法使用（未使用）時，從地面供應電力的裝置。

（一）拖車牽引車

以升降平台車及滾帶車卸下的貨櫃及行李，會放上拖車載運至航廈（或由航廈載運至此）。

冷藏食勤車

可將後車廂整個升起，以便搬運進機內餐點及食品。

升降平台車

將貨物及貨櫃從貨艙搬出（或搬入貨艙）上方，可如電梯般升降。

滾帶車

上方設有輸送帶，可以卸下散裝行李（或是搬入貨艙）。

加油車

水肥車

載運洗手間排水等機內使用過的水（污水）。

協助往生者回國的服務 ──
「國際靈柩運送」

因出差或旅行等自海外返國時,我們在機場得接受「海關」檢查,確認旅客是否有攜帶毒品、槍械等違禁品,以及菸、酒等物品的數量是否超過既定規定。

國外的商店或企業在進口、出口貨物時一樣要經歷這些流程。可由領有執照的報關業者代替一般民眾辦理必須事務,如果講得更精確一點,是由通過國家考試的「報關人員」製作必要文件,並向海關等單位提出申請、協調國內外的配送等。

負責運送遺體的
「國際靈柩運送」

我們有時會看到國人因意外或疾病等事故,不幸在國外去世的新聞。遇到這種情形時,雖然要視家屬意願及當地狀況而定,但一般來說,主要處理方式是在當地火化,或是將遺體運回。

如果是後者,當地的駐外使館(或辦事處等)會通知外交部,再由外交部通知國內家屬當事人身故的消息。接下來,當地駐外使館會根據當地醫師或醫院開立的死亡診斷書發出「遺體證明」及「埋葬許可」。

與此同時,還要進行遺體的防腐處理、入殮、發出包裝證明、確定飛機航班等,為空運做好準備。這些手續是由駐外使館的職員以及專門運送遺體(國際靈柩運送※業務)的國內報關業者合作完成的。

遺體在機上是安置於貨艙(若火葬後骨灰裝入骨灰罈由家屬帶回國的話,則是攜至客艙),抵達國門經過檢疫後會再進行報關等手續。完成上述手續後,國際靈柩運送業者還要修復遺體在漫長旅途中產生的損傷。業者會根

據事先收到的照片等資料,修復至接近生前的狀態,接著將遺體裝入新的棺木,以靈車送至

※：Airhearse International的註冊商標。

家屬身邊。

3

飛機觀覽指南－1
Visual airplane guide #1

集結眾多嶄新技術的「波音787」

「波音787 夢幻客機」（Boeing 787 Dreamliner）是波音公司生產的廣體飛機，於2009年首次試航，啟始客戶※ANA（全日本空輸）於2011年11月率先於定期航班啟用波音787。基本款為-8型，另外還有機身加長的-9型及進一步加長的-10型，共有3種版本。

波音787有一特色，是最新型飛機獨有的優勢，那就是油耗表現出色。最遠可飛行約1萬3600公里，相當於可從日本飛到位在地球另一面的墨西哥，不需中途降落加油。

此外，波音787還大量使用以往客機所沒有的新技術，像是「全機約50％是由碳纖維與塑膠複合材料CFRP打造」、「過去的飛機是透過油壓、電力、氣壓驅動飛行所需的系統，波音787僅使用油壓與電力驅動」、「使用鋰電池做為緊急電池」等。

集結了各種新技術的波音787，在開發階段及服役初期雖然曾接連出現問題，但目前都已經解決，並在市場上獲致高度評價，現在有超過1000架活躍於世界各地。

※：訂購數量龐大，足以影響製造商開發新產品的航空公司。會收到製造商生產出的第一號機（首架交貨的飛機）。

波音787，ANA（→）

ANA自開發階段便參與其中，包括主翼在內也有約35％由日本廠商製造，是一架與日本關係匪淺的飛機。另外，這也是波音首次將主翼委託其他廠商製造。波音787具有在惡劣條件下仍能乘坐舒適、隔音效果佳的客艙、加濕功能、電控變色窗、使用免治馬桶的洗手間等許多能讓乘客直接感受到的優點。

波音787

發動機

「特倫特1000」的旁通比為10.0～11.0，較前一世代的特倫特900（7.7～8.5）大幅提升。此外並改進了扇葉形狀及燃燒室的材料，提升發動機本身的燃燒效率，使得油耗較過去機型改善了20%。

主翼

波音787的主翼使用CFRP打造，飛行時的翹曲幅度較過去機型更大（最多可達約2公尺高）。尾端的造型名為「上帆角」，效果類似翼尖小翼。

■ 規格（波音787-8）

翼展：60.1 m
全長：56.7 m
全高：17.0 m
最大客艙寬：5.5 m
巡航速度：910 km/h
續航距離：13,620 km
最大起飛重量：227,930 kg
發動機：特倫特1000（勞斯萊斯）／
　　　　GEnx-1B（奇異）
最大推力：28,940 kgf×2（特倫特1000-A2）
標準座位數：248席（2艙等）

＊非圖中飛機之規格，僅為該機型其中一例。規格來源為飛機製造商及航空公司之網站、資料等（以下亦同）。

暢銷全球的廣體飛機「波音777」

波音777是一款大型廣體飛機，起初是為了填補波音747（→第92頁）與波音767（→第90頁）間的空缺，以波音767為基礎所設計、開發而成，但後來參考啟始客戶聯合航空以及其他多家航空公司的意見，進行了大幅改良及提升。

波音777集結了許多當時（首航為1994年）的最新技術，其中一大特色就是成為波音首款採用數位式線傳飛控的機型。此設計減少了機械式的零組件，改以電腦等取代，因而具有機身輕量化、更利於檢修、提升操縱性等優點。另外，駕駛艙也不再使用傳統的CRT（映像管顯示器），而是以辨識度及可靠度更高的LCD（液晶顯示器）取代。

波音777-200，JAL（→）

波音777的機型除了標準型的-200型、加長機身的-300型，另外還有以這兩型為基礎，強化發動機等部位以增加航程的-200ER（extended range）與-300ER；以及飛行距離更長的-200LR（longer range，最長續航距離1萬7320公里）、貨機型波音777F（freighter）。

波音777在進行開發時收到來自航空公司的各種提案，據說光是ANA便超過490項。例如，原本預計採用斜交輪胎，後來改成了輻射層輪胎。另外，馬桶蓋及馬桶還加裝了阻尼器，以降低關閉時的音量。

■ 規格（B777-200）
翼展：60.9 m
全長：63.7 m
全高：18.5 m
最大客艙寬：5.9 m
巡航速度：890 km/h
續航距離：9,695 km
最大起飛重量：247,010 kg
發動機：PW4000（普惠）/ 特倫特800
　　　　（勞斯萊斯）/ GE90（奇異）
最大推力：34,930 kgf×2（PW4077）
標準座位數：400席（2艙等）

擁有相同駕駛艙的
「波音767」與「波音757」

波音767是定位為波音首款噴射客機 ── 波音707後繼機種所開發的半廣體飛機,主打座位數200～300席等級。首航為1981年,至今為止仍然持續銷售中。

相較於波音707,波音767最大的進步是有鑑於石油危機而改善的經濟效益,以及成為首款採用玻璃駕駛艙(參閱48頁)的客機。

由於能集中、彙整必要資訊並顯示出來,因此波音767成功實現當今已視為理所當然的雙駕駛編制[※]。

至於波音757(窄體飛機)則是1960～90年代波音公司熱門的三引擎飛機波音727的後繼機種。由於波音757與波音767是在同一時期開發,因此兩者擁有相同的駕駛艙。通常

波音707(盧安達航空)

每款飛機都必須由取得該機型專用證照的機師駕駛，但只要有波音757與波音767其中一方的證照，便兩者皆可駕駛。

雖然波音757共計交機超過1000架，但在2004年已先一步停產。

※：已往，駕駛飛機除了機師，還需要負責檢查油壓、電力等儀表，以及對發動機輸出做細部調整的「飛航工程師」，由3個人以上共同負責。

波音767-300ER（AIR DO），波音757-200（達美航空）

波音767的機型包括-200型（標準型）、-300型（加長型）、-400型（超長型），並分別有能飛更遠距離，也就是負責國際線航班的ER型（extended range），另外還有貨機型波音767F。

波音757除了-200型（標準型）、-300型（加長型），還有客貨混合型-200M、小型貨物用的-200PF（package freighter）等，但日本的航空公司並未採購。

■ 規格（波音767-300ER）
翼展：47.6 m
全長：54.9 m
全高：15.8 m
最大客艙寬：4.7 m
巡航速度：850 km/h
續航距離：11,065 km
最大起飛重量：186,880 kg
發動機：PW4000（普惠）/
　　　　CF6-80C2（奇異）
最大推力：28,170 kgf×2（CF6-80C2）
標準座位數：269席（2艙等）

■ 規格（波音757-200）
翼展：38.0 m
全長：47.3 m
全高：13.6 m
最大客艙寬：3.5 m
巡航速度：850 km/h
續航距離：7,220 km
最大起飛重量：99,790 kg
發動機：PW2037（普惠）/
　　　　RB211（勞斯萊斯）
最大推力：16,600 kgf×2（PW2037）
標準座位數：194席（2艙等）

讓國外旅行不再遙不可及的跨時代機種「波音747」

無論是小孩或大人都聽過，有巨無霸客機稱譽的波音747，可說是全世界最知名的客機。波音747最大的特色，是擁有4具發動機及機頭處的隆起。隆起的部分為客艙的2樓，在A380問世以前，波音747是唯一能夠單程載運一般客機1.5～2倍旅客量的客機。

自1970年首航至今總計交機超過1500架，但其實波音747並非一開始就得到好評。最初的-100型由於機身龐大，發動機輸出略顯不足，續航距離也只有約8600公里。波音公司因此進行發動機的改良，在後期機型克服了這項缺點。另外，-200型強化了機身結構，並加大油箱（提升續航距離）；-300型則將隆起部分往後延伸，增加座位數。

1988年首航的-400型等同於全面改良，並透過電腦做到電子化、自動化，得以採用雙駕駛的編制。此外，採用翼尖小翼且換裝新型發動機改善油耗、續航距離（約1萬3000公里），吸引全世界的航空公司紛紛採購波音747用於國際線航班，這也使得民眾能夠以更低廉的價格前往海外旅遊。

波音747-400，維珍航空（→）

波音747是波音公司第一款廣體飛機。亮相之初歐洲正在開發「協和號」超音速客機，因此受到的關注度不如協和號高。

因高科技而大為進化的-400型有「科技巨無霸客機」之稱，而-300型以前的機型則歸類為「古典巨無霸客機」。波音747還有許多衍生機型，-100SR（short range）與-300SR、-400D（domestic）是分別以-100型、-300型、-400型為基礎的短程專用機型，將廚艙等長途航班會用到的設備撤除，轉而增加座位（僅JAL、ANA引進）。另外也有增設油箱以提升續航距離的-400ER等。

波音747

A：波音747SP（沙烏地阿拉伯政府）。「SP」代表「special performance」，全長較原型-100型短約14公尺，俾以減輕重量，將續航距離提升為原本的1.3倍。另外也加大了水平尾翼與垂直尾翼。B：波音747-400F（盧森堡國際貨運航空）。貨機型另外還有-200F、-400ERF、8F等機型。也有客貨混合型的-200M、-300M、-400M，以及客、貨機兩用的-200C（convertible）和從客機改裝為貨機的-BCF等。C：2011年開始交機的最終款-8I（漢莎航空）。主翼形狀（翼展）及全長、發動機與已往機型有所不同。-8型在2022年停產，為波音747約50年的歷史畫下了句點。

＊另有其他衍生機型。

■ 規格（波音747-400）

翼展：64.4 m
全長：70.6 m
全高：19.4 m
最大客艙寬：6.1 m
巡航速度：912 km/h
續航距離：13,450 km

最大起飛重量：396,890 kg
發動機：PW4062（普惠）/RB21（勞斯萊斯）
　　　　/CF6（奇異）
最大推力：28,710 kgf×4（PW4062）
標準座位數：524席（2艙等）

持續生產超過50年的「波音737」

波 音737是波音公司的中型噴射客機，自1967年首航以來曾經歷過數次改良，至今仍持續銷售。

波音737最初是以競爭對手麥克唐納-道格拉斯的「DC-9」為目標所開發的機型，包括基本的-100型與加長型-200型，由於多數航空公司都追求更多座位數，因此訂單集中於後者。

相對於這些「初代」機型，1980年代登場的第2代稱為「經典型」，包括-300型（標準

■ 規格（波音737-8）
翼展：35.9 m
全長：39.5 m
全高：12.3 m
最大客艙寬：3.5 m
巡航速度：840 km/h
續航距離：6,570 km
最大起飛重量：82,190 kg
發動機：LEAP-1B（CFM國際）
最大推力：12,150 kgf×2
標準座位數：178席（2艙等）

型）、-400型（加長型）、-500型（縮短版）。經典型進行駕駛艙的數位化及發動機性能提升等，-500型在日本（ANA）也一直服役到2020年。

更加進化的NG與MAX

1990年代至2000年代初期登場的第3代波音737被暱稱為「NG」（next generation）。基本型為-700型，另外還有-600型（縮短版）、-800／-900型（加長型／超長型）等不同機身版本[※]，並希望憑藉採用玻璃駕駛艙、新設計的主翼等對抗新的競爭對手A320。

最新機型「波音737 MAX」相當於第4代。雖其新型飛行系統（MCAS）及發動機極具吸引力，但由於接二連三發生失事意外，曾有一段時間前景不明。不過相關問題目前已得到解決，且重新復飛及交機。

※另有-ER及-C等機型。

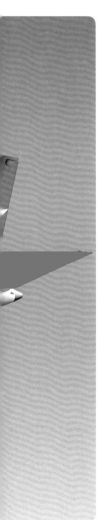

（←）波音737-8，西捷航空

波音737是波音公司的最暢銷機種，全系列在2018年已達成累計銷售1萬架。自第2代起，由於發動機大型化並為了避免與地面產生干擾，將發動機整流罩設計成橢圓形。

2016年首航的波音737 MAX基本型為-7型，另有-8型、-9型、-10型等3種機身版本（數字越大，機身越長）。-8型還有專為廉價航空增加座位數，最多可達210席的「波音737 MAX 200」（737-8 200型）。

波音737-200「原型機」
（Icaro Air）

生不逢時的空中巴士
巨型客機「A380」

A380是空中巴士公司的旗艦機種（大型、廣體）[※]，全機採雙層結構，可載運超過500名旅客，較同樣擁有4具發動機的波音747更為巨大。

A380於2005年首航（2007年開始交機），2021年停產，總生產數量為251架，開發費用據說幾達6500億新臺幣，就商業層面而言算不上成功。這是因為相較於雙引擎飛機，A380飛行所需的燃料費用及機場使用費等成本更加高昂（而且因座位數多，成本回收不易），並且需要專用的停機坪、空橋等機場設備，但最大的原因或許還是時代的改變。

過往（主要是1970～80年代前後）民眾搭機出國的模式，大多是從出發地搭乘大型客

■ 規格（A380-800）
翼展：79.8 m
全長：72.7 m
全高：24.1 m
最大客艙寬：6.6 m
巡航速度：910 km/h
續航距離：15,000 km
最大起飛重量：560,000 kg
發動機：特倫特970（勞斯萊斯）/GP7200（發動機聯盟）
最大推力：34,090 kgf×4（特倫特970）
標準座位數：545席（4艙等）

機至所謂「樞紐機場」的大型機場，再轉搭小型客機至目的地。但現在通常是直接從出發地搭乘中～大型客機至目的地。以波音747-8I為例，雖其經濟效益較A380更高且不需要專用機場設備，但同樣銷售不佳，也能看出此一趨勢。

　再加上新冠肺炎疫情導致旅行需求低迷，有些A380甚至已經退役、改裝為貨機，或解

體做為零件供應來源，但A380無疑地曾是代表了「夢想」的機種。

※：2021年底時。

A380

A380-800，ANA（↓）

ANA旗下的A380被暱稱為「FLYING HONU」。圖為ANA擁有的3架A380中的3號機。「HONU」在夏威夷語中為「海龜」之意。

為了與波音787一較高下
而誕生的「A350 XWB」

A350 XWB是空中巴士公司的大型噴射客機，於2014年開始交機，「XWB」是「超廣體」（extra wide body）的縮寫。A350 XWB最初的構想是A330改良升級而成的「A350」，但因為看起來不如競爭對手波音787，便在航空公司的要求下大幅變更設計。於是A350重生為「-XWB」，並有了客艙更加寬敞的新機身。

包括主翼、機身等處，A350 XWB整體有53%使用CFRP打造，做到了大幅輕量化，並採用史上首度出現於大型客機的技術。

鳥在飛行時會根據身體受風及氣壓狀況調整翅膀的形狀及角度，將空氣阻力減到最低，而A350 XWB便是根據機身的感測器偵測風，根據風的強度將主翼後緣的襟翼調整至最佳狀態，以減少空氣阻力。

A350-900（→）

A350有-900型（標準型）與-1000型（加長型）兩種機型，起初還有縮短版（-800型）的構想。-900型另有名為-ULR（ultra long range）的衍生型，飛行距離約為原本的1.2倍（約1萬8000公里）。空中巴士在2021年的時候宣布，該公司正在開發貨機型「A350F」。

A
3
5
0

X
W
B

■ 規格（A350-900）

翼展：64.8 m
全長：66.8 m
全高：17.1 m
最大客艙寬：5.61 m
巡航速度：945 km/h
續航距離：15,000 km
最大起飛重量：280,000 kg
發動機：特倫特 XWB-84（勞斯萊斯）
最大推力：38,100 kgf×2
標準座位數：314席（3艙等）

系出同門的姐妹機 ──「A340」、「A330」

空中巴士在1980年代曾推動「SA計畫」與「TA計畫」這兩項新型機開發計畫。「SA」指的是「單走道」（single aisle），也就是窄體飛機；而「TA」則是「雙走道」（twin aisle），即為廣體飛機，當時曾備有TA-9、TA-11、TA-12等方案。最後實際進行的是SA計畫以及TA計畫中「約300席座位，中、短程用雙引擎飛機」（TA-9）與「約200席座位，長程用四引擎飛機」（TA-11）這三項方案。

由SA計畫而來的A320（於下一單元介紹）率先於1987年首航，由TA-11而來的A340與由TA-9而來的A330，隨後也分別於1991年與1992年成功首航。

A340與A330的不同之處，基本上可以說只有發動機數量不同而已。兩者的機身皆以A300※為範本，而且從主翼、尾翼、起落架、駕駛艙到飛行系統全都是共通的。這項做法減少了開發成本，並成功壓低售價。

※：空中巴士公司是歐洲多家飛機製造商於1970年共同創立的（當時名為空中巴士工業），A300為空中巴士推出的首款客機，後續則有A310、A320、A340／A330⋯⋯等。

A340-300（瑞士國際航空），
A330-300（中華航空）（→）

A340原有的機型為-200型（縮短版）、-300型（標準型），2002年後針對各部位改良進行世代交替，推出了-500型（標準型，較-300型長）與-600型（加長型）。但因時代變遷及競爭對手波音777的突出表現，於2012年停產。

A330除了-200型與-300型，另有貨機型-200F及增加座位數的「A330-300 regional」。2018年後則交棒給A330neo（標準型-800型、加長型-900型），油耗與續航距離皆因採用新發動機與改良機身而有所提升。

A340／A330

■ 規格（A340-300）

翼展：60.3 m
全長：63.6 m
全高：16.9 m
最大客艙寬：5.3 m
巡航速度：910 km/h

續航距離：13,350 km
最大起飛重量：271,000 kg
發動機：CFM56-5C（CFM國際）
最大推力：15,420 kgf×4（CFM56-5C4）
標準座位數：295 席（3 艙等）

■ 規格（A330-300）

翼展：60.3 m
全長：63.6 m
全高：16.9 m
最大客艙寬：5.3 m
巡航速度：910 km/h

續航距離：10,500 km
最大起飛重量：230,000 kg
發動機：CF6-80E1（奇異）/
　　　　PW4000（普惠）/
　　　　特倫特700（勞斯萊斯）
最大推力：31,750 kgf×2（CF6-80E1）
標準座位數：295 席（3 艙等）

A
3
2
0
家
族

空中巴士的暢銷機種 ──「A320家族」

A320是空中巴士公司的第一款窄體飛機。基於前一單元提到的SA計畫,空中巴士當時有意進軍座位數160席規模的等級,然已有波音737、DC-9等強大的競爭對手各據一方。考量到這塊是深具成長潛力的市場,因此空中巴士仍決定投入A320的開發(空中巴士當時只有廣體飛機)。

由於A320具有多項優勢,如領先全球導入數位式線傳飛控、採用飛行搖桿與玻璃駕駛艙,以及較競爭對手更為寬敞的客艙及貨艙等,使得這款飛機大為暢銷。其後,空中巴士公司又投入開發加長型A321與縮短版A319,分別於1994與1996年開始交機。

A320家族中還有一款機身較A319更短的A318,源於空中巴士及中國、新加坡、義大利等製造商於1997年推動的「Asian Express」計畫。這項計畫有意打造有別於以往、完全採用全新設計的客機。但後續因研判風險過高,導致計畫最終受挫停擺。空中巴士後來自行開發將A319縮短的機型,以A318之名於2003年開始交機。

A320-200,
紐西蘭航空(→)

A320最初預定推出的機型有基本的-100型,以及提高最大起飛重量的-200型,但後來僅生產後者。在配載新發動機、加裝翼尖小翼(鯊鰭小翼),並小幅更動機內裝備後,A320自2016年起改頭換面成為「A320neo」。此外,機師只需一項證照,便能駕駛A320家族的所有機型。

＊相對於neo,之前的機型稱為「ceo」(current engine option)。

比較A320家族成員的全長

A320（37.6公尺）

A321（44.5公尺）

A319（33.8公尺）

A318（31.4公尺）

＊圖中的機身造型及比例僅為示意。

■ 規格（A320-200）
翼展：34.1 m
全長：37.6 m
全高：11.8 m
最大客艙寬：3.7 m
巡航速度：870 km/h
續航距離：4,900 km
最大起飛重量：73,500 kg
發動機：CFM56-5（CFM國際）/
　　　　V2500（IAE，國際航空發動機公司）
最大推力：12,250 kgf×2（CFM56-5B4）
標準座位數：150席（2艙等）

■ 規格（A321-100）
翼展：34.1 m
全長：44.5 m
全高：11.8 m
最大客艙寬：3.7 m
巡航速度：870 km/h
續航距離：4,350 km
最大起飛重量：83,000 kg
發動機：CFM56-5（CFM國際）/ V2500（IAE）
最大推力：13,610 kgf×2（CFM56-5B1）
標準座位數：185席（2 艙等）

A319（TAP葡萄牙航空）

■ 規格（A319-100）
翼展：34.1 m
全長：33.8 m　　巡航速度：870 km/h　　　發動機：CFM56-5（CFM國際）/ V2500（IAE）
全高：11.8 m　　續航距離：3,250 km　　　最大推力：9,980 kgf×2（CFM56-5B5）
最大客艙寬：3.7 m　　最大起飛重量：64,000 kg　　標準座位數：124席（2 艙等）

A
3
2
0
家
族

A321
（義大利航空）

A321的機型包括標準的-100型以及藉附加中央油箱（additional centre tank，ACT）※提升續航距離的-200型。「A321neo」除了標準型，也有飛行距離更長的-LR（7408公里）與-XLR（extra-long range，8704公里）等機型。
※：增設於貨艙的油箱。

A318（法國航空）

■ 規格（A318-100）

翼展：34.1 m		
全長：31.4 m	巡航速度：870 km/h	發動機：CFM56-5（CFM國際）/ PW6000（普惠）
全高：11.8 m	續航距離：3,250 km	最大推力：9,980 kgf×2（CFM56-5B5）
最大客艙寬：3.7 m	最大起飛重量：64,000 kg	標準座位數：107席（2艙等）

＊為確保機身穩定性，垂直尾翼較A321、A320、A319略大。

主攻座位數100～150席等級的「A220」

A220是座位數100～150席等級的窄體飛機。其實這款客機並非純粹出自空中巴士公司。

以往在區域航線客機市場※擁有高市佔率的加拿大龐巴迪公司（Bombardier Inc.），於2008年前後開始推動曾於1990年至2000年代研發，擁有100席座位以上的「C系列」。C系列包括座位數108～135席的「CS100」與130～160席的「CS300」，兩者有99%的零件是共通的。

首批CS100在2016年的時候，交機給瑞士國際航空（SWISS），但後續訂單並沒有成長，因此拖累了龐巴迪的營運狀況，最後決定由空中巴士公司承接C系列（出售生產、銷售事業）。這兩款機型則分別改名為「A220-100」、「A220-300」。

※：相對於座位數100席規模以上的中型／大型客機，座位數100席規模以下的短程客機被稱為「區域航線客機」或「通勤客機」。

A220-300，波羅的海航空（→）

A220是以飛行搖桿進行操縱（上圖為CS300的駕駛艙），窗戶及座位上方較大的行李置物櫃為客艙一大特色。座椅寬敞，座位採5排（2＋3）配置。

■ 規格（A220-300）

翼展：35.1 m
全長：38.7 m
全高：11.5 m
最大客艙寬：3.3 m
巡航速度：870 km/h

續航距離：6,297 km
最大起飛重量：70,900 kg
發動機：PW1500G（普惠）
最大推力：9,970 kgf×2（PW1521G）
標準座位數：120～150 席（2 艙等）

以低廉價格讓客旅搭乘選擇更多元的「LCC」

與 JAL或ANA等全方位服務航空公司（full service carrier，FSC）相較，「廉價航空公司」（low cost carrier，LCC）能提供價格更低廉的機票。

全世界第一家LCC是1971年誕生於美國的「西南航空」（Southwest Airlines）[※]，距今已逾50年。這是家專門經營國內航線的航空公司，而當時全球正處於即將迎來大運輸量時代的初期階段，波音747於此時問世是極具象徵性的。由各國航空公司組成的「國際航空運輸協會」（IATA），將國際航線的機票控制在高檔價位，因此並沒有「旅行社套裝行程」這類可讓一般民眾能以相對低廉的價格前往國外旅行的方法。

後來航空業界逐漸放寬管制，英國的易捷航空（easyJet）、馬來西亞的亞洲航空（Air Asia）分別在1995年、2001年上路營運。日本也自2012年起陸續有樂桃航空（Peach Aviation）、捷星日本航空（Jetstar Japan）、日本亞洲航空（AirAsia Japan）等企業進軍航空市場，因此日本將這一年稱為「LCC元年」。

台灣虎航也於2014年成立，這是臺灣唯一的低成本航空公司，提供往來東北亞、東南亞和澳門的客、貨運服務以及地勤代理服務。

能夠壓低價格的兩項原因

LCC的票價在某些時期甚至不到傳統航空公司的一半，這究竟是如何做到的？原因可大致分為兩項。

第一項作法是「削減飛航成本」。例如，統一使用相同機型，藉此壓低購買（租借）成本，而且也更易於確保機師及維修等。另外，座位只規劃單一艙等，並縮短座椅前後距離、減少廚艙等

設備，以增加座位數量。

LCC的班機主要選在遠離市中心的「次要機場」起降，並使用只有最低限度設備的航廈，以減少相關費用。另外，從降落到準備下一趟飛行

6

所花費的週轉時間較短，縮減飛機的休息，增加更多「賺錢的時間」。

第二項原因是「服務瘦身」。機票的購買方式主要是透過網路，基本上沒有實體銷售窗口。另外並採取淡季及空位多的班機較便宜、旺季及空位少的班機較貴的「動態定價」策略。傳統的FSC航空公司在班機延誤、取消時必定會提供的補償或安排改搭其他航空公司班機等措施，LCC也大多不會提供。

另外，旅客的行李數量或重量（尺寸）若是超出LCC的規定，會加收費用。FSC航空公司免費提供的機內餐點及娛樂系統等也全都要付費才能享用。

對於習慣搭乘FSC航空公司的人而言，這些規定或許都很匪夷所思，但LCC的重要性在於擴大了我們的選擇及移動範圍。旅行或出國應該要視不同狀況善加運用各種資源，不需要對LCC抱持成見、吹毛求疵。

※：1967年成立，1971年開始飛航營運。

葡萄牙馬德拉機場

C
R
J

T型尾翼的後置引擎飛機「CRJ系列」

在 C系列以前，龐巴迪公司旗下還有一款名為「CRJ」的區域航線客機。CRJ是「Canadair regional jet」的縮寫，以過去原本由Canadair公司開發、生產的商務噴射機「挑戰者600」（CL-600）為基礎所開發※。基本型為1991年首航的「CRJ100」

■ 規格（CRJ200 LR）

翼展：21.2 m　　　　　續航距離：2,936 km
全長：26.8 m　　　　　最大起飛重量：23,130 kg
全高：6.2 m　　　　　　發動機：CF34-3B1（奇異）
最大客艙寬：2.5 m　　　最大推力：4,180 kgf×2
巡航速度：860 km/h　　　標準座位數：50席（1艙等）

CRJ200，烏塔航空（↑）

CRJ系列的特徵為T型水平尾翼，以軍機發動機為基礎所開發的2具發動機則配載於後方。機門內側裝有樓梯（登機梯）。CRJ100／200的衍生機型包括可飛行更長距離的-ER、-LR，改裝為貨機的-PF（package freighters）、-SF（special freighters，中古機型改裝）。另外還有以200為基礎，座位數44席的「CRJ440」。

（座位數50席）與使用不同發動機的「CRJ200」，另外還有加長型「CRJ700」（座位數70席等級）、「CRJ900」（座位數90席等級）、「CRJ1000」（座位數100席等級）等機型。

　　CRJ系列累計交機超過1900架，但因龐巴迪的營運狀況惡化，在2021年2月交出最後一批後便宣告停產。至於保養、改裝、客戶支援等，則由日本三菱重工業在2020年設立的「MHI RJ Aviation集團」接手。

※：Canadair在1986年遭龐巴迪併購。商務噴射機（business jet）若為私人所有，通常稱為私人噴射機（private jet）；若為企業所有，則稱為公司噴射機（corporate jet）。

■ 規格（CRJ700 NextGen）

翼展：23.2 m	續航距離：2,794 km
全長：32.5 m	最大起飛重量：33,000 kg
全高：7.6 m	發動機：CF34-8C5B1（奇異）
最大客艙寬：2.6 m	最大推力：6,255 kgf×2
巡航速度：829 km/h	標準座位數：70席（1艙等）

CRJ700 NextGen，伊別克斯航空（↑）

700、900皆有-ER、-LR以及提升油耗（更改結構等設計）、客艙舒適性升級的「NextGen」機型。此外，700還有50席座位的「CRJ550」，900則有75席座位的「CRJ705」等衍生機型。全長較200長12公尺的1000則僅有NextGen機型。

搭載渦輪螺旋槳發動機的高翼機「Dash8」（DHC-8）

除了Canadair以外，龐巴迪還曾併購英國的蕭特兄弟、美國的里爾噴射機等不同的飛機製造商，1992年併入旗下的德哈維蘭加拿大公司也是其中之一，Dash8（DHC-8）便是由該公司所研發、生產。

Dash8是配載了2具渦輪螺旋槳發動機的區域航線客機，機型包括座位數40席等級的「100系列」、提升發動機性能的「200系

■規格（Dash8-400）
翼展：28.4 m
全長：32.8 m
全高：8.4 m
巡航速度：667 km/h
續航距離：2,040 km
最大起飛重量：27,987 kg
發動機：PW150A（普惠）
最大推力：5,070 shp（軸馬力）×2
標準座位數：74席（1艙等）

列」、座位數50席等級的加長型「300系列」。

1996年，Dash 8採用了名為NVS（noise and vibration suppression system）的裝置，減少了機內振動及噪音，龐巴迪將Dash 8重新命名為「Q系列」。之後又進一步更新駕駛艙等，並且新開發較Q300加長約6.8公尺的「Q400」（DHC-8-Q400），於1999年起交機。

就和C系列及CRJ系列一樣，經營陷入困境的龐巴迪在2018年將Q系列賣給加拿大投顧集團Longview Aviation Capital旗下的德哈維蘭加拿大航空公司（De Havilland Aircraft of Canada），DHC-8因此又恢復「Dash8」之名。該公司並自龐巴迪接手Dash8的生產及保養維修等業務。

（←）DHC-8-Q400（NextGen），
奧林匹克航空

Q100～Q300已經停產，目前僅Q400（Dash8-400）維持生產，而型號中的「Q」則為「quiet」（安靜）之意。

Q400在2009年後改款，成為鼻輪經過改良、客艙煥然一新（座位上方行李置物櫃加大、變更天花板設計等）的「NextGen」機型。機尾貨艙加大約2.5倍的-CC（cargo combi）機型，目前服役於日本琉球空中通勤等航空公司。由於貨艙是往客艙端延伸，因此全長維持不變。

專欄 COLUMN　高翼機與低翼機

中、大型客機等主翼位置靠近機身下方的飛機為「低翼機」，Dash8（DHC-8）之類主翼位置靠近機身上方的飛機則為「高翼機」。後者具有機身距離地面較近、滾轉（左右傾斜）的穩定性更好等優點，缺點則是因主翼與機身相連處位於客艙天花板，使得客艙較為狹窄。

持續進化的區域航線客機「E系列」

自1990年代後期以降,區域航線客機市場曾長期由龐巴迪與巴西航空工業(Embraer S.A.)兩家公司主導。

巴西航空工業公司過去曾開發、生產「ERJ145／135／140」等座位數50席等級以下的雙引擎噴射機。ERJ是以同公司座位數30席等級的EMB120為基礎開發的,因此座位較競爭對手CRJ200少一排(1+2),但由於經濟效益受到好評,ERJ自1995年首航至2020年停產為止,總計交機超過1200架。

著眼於ERJ的成功,巴西航空工業公司因而投入開發座位數70～90席等級的E170與

ERJ145,洛根航空(↓)

機型包括基本型-145型(50席)及縮短版-140型(44席)、-135型(30～37席),並分別有-LR型。-145型另外還有最遠可飛行3706公里的-XR(extra range)型。

■ 規格(ERJ145 EP)

翼展:20.0 m	巡航速度:830 km/h	發動機:AE3007 A1/1(勞斯萊斯)
全長:29.9 m	續航距離:2,224 km	最大推力:3,440 kgf×2
全高:6.8 m	最大起飛重量:20,990 kg	標準座位數:50席(1艙等)

100～120席等級的E190。這些命名為「E系列」的區域航線客機自2004年於全美航空服役首航以來（E170），持續活躍於全球各地。此外，巴西航空工業公司後續推出的「E2」機型具有油耗提升、減少客艙內噪音、座位數增加等優點，已於2021年9月[※]亮相，預計逐步取代E170／190。

※：E190-E2已於2021年9月投入赫維提克航空的航班服役。

E190，華信航空（↓）

相較於後方搭載2具噴射發動機，機門裝有登機梯的ERJ，E系列的發動機則是懸掛於主翼（無登機梯）。基本型為E170（66～78席），另外還有E175（76～88席）、E190（96～114席）、E195（100～124席），共4種機型（型號數字越大者機身越長）。每種型號皆另有可飛行更遠距離的-LR、-AR（advanced range）型。

■ 規格（E190 AR）
翼展：28.7 m
全長：36.2 m
全高：10.6 m
巡航速度：870 km/h
續航距離：4,537 km
最大起飛重量：51,800 kg
發動機：CF34-10E（奇異）
最大推力：9,240 kgf×2
標準座位數：96席（2艙等）

在日本也越來越常見的「ATR42/72」

ATR（Avions de Transport Regional）是法國的飛機製造商，由空中巴士公司與義大利的李奧納多公司（Leonardo S.p.A）共同組成，設立於1981年。

目前ATR的旗下機種為ATR42-600（座位數40席等級）與其加長型ATR72-600（座位數70席等級），加上各自的衍生機型合計共4款。ATR42／72為配載渦輪螺旋槳發動機的高翼機，駕駛艙採用的是操縱桿。

ATR42／72的特色是有許多適合飛航通勤（離島）航線的優勢。例如，可以在高海拔、狹窄、未鋪設柏油等條件惡劣的機場起降。此外，區域航線客機的貨艙通常位於機尾，ATR42／72的貨艙則設置在駕駛艙與客艙之間，這項設計加大了貨艙的容量與開口（機門），能在短時間內裝卸更多貨物。旅客主要是使用登機梯，從位於機尾的機門上下機。

ATR72-600，
歐洲航空（→）

ATR42有標準型（-600型）與能夠以更短距離起降的-600S（「S」取自STOL的字首，參閱34頁），ATR72除了標準型之外，還有貨機型-600F，這些機型約有90%的零件是共通的。起落架（機身輪）收納於機身下方機腹內的設計，與An-225及軍用運輸機相同。

＊原型機為-300型（1984年首航），經過各種改良後，2012年以降已世代交替為目前的-600型。

■ 規格（ATR72-600）

翼展：27.1 m
全長：27.2 m
全高：7.7 m
最大客艙寬：2.6 m
巡航速度：510 km/h
續航距離：1,404 km
最大起飛重量：22,800 kg
發動機：PW127M（普惠）
最大推力：2,475 shp（軸馬力）×2
標準座位數：72席（1艙等）

貨艙

登機梯

造型簡潔與結構強固兩者兼具的「紳寶340」

紳寶（Saab）是來自瑞典的航機製造商，相信對汽車有興趣的人應該也聽過這個名字※。

紳寶成立於1937年，原本僅研發軍用機，後來在1944年開始研發、銷售該公司首款客機「紳寶90 Scandia」，但訂單數量並不如預期。

人氣成功超越對手的340

紳寶後來研發出座位數30席等級的渦輪螺旋槳通勤客機「SF340」。「S」代表紳寶，「F」則代表一同合作研發的美國費爾柴德公司（Fairchild Aircraft），費爾柴德退出後則改稱「紳寶340A」。

紳寶340A（SF340）在1984年完成首批交機後贏得了高人氣，超越DHC-8（100系

340B Plus，
日本空中通勤（→）

雖然340已經停產超過20年，但目前只逾設計年限的一半左右（較一般飛機多出一倍），據說340實際上也很少故障。

340B Plus另外還有「-WT」（extended wing tips）型，主翼的左右翼尖總計加長約1.3公尺，增強起飛性能。2021年底北海道空中系統的-WT退役之後，日本的天空便再也見不到340的身影了。

列）、ATR42、EMB120、多尼爾328等競爭對手。而在推出更換了發動機等並提升性能的「紳寶340B」、更新客艙等部位的「340B Plus」（340B-WT）進行改款後，也受到日本航空公司的青睞，做為已往飛航日本國內二三線都市的YS-11後繼機種。

　　但由於後來新開發的「紳寶2000」（座位數50席等級）銷售不佳，以及龐巴迪、巴西航空工業公司等競爭對手崛起，340及2000皆在1999年停產。紳寶後來雖然退出民航機事業，但直到現在，該公司仍持續對這兩種機型提供完善的支援（保養維修）服務。

※汽車部門成立於1945年，起初將設計航機的關鍵知識運用在汽車製造上。汽車部門於2011年破產，品牌名稱也在2017年宣告終結。

■ 規格（340B Plus）
翼展：22.8 m
全長：19.7 m
全高：7.0 m
最大客艙寬：2.2 m
巡航速度：524 km/h
續航距離：1,520 km
最大起飛重量：13,155 kg
發動機：CT7-9B（奇異）
最大推力：1,870 shp（軸馬力）× 2
標準座位數：34席（1艙等）

活躍於各地的
小型客機

圖 A的「Do228」是德國多尼爾公司
（Dornier Flugzeugwerke）開發的渦
輪螺旋槳客機，於1982年首航。多尼爾後來
遭合併，成為費爾柴德-多尼爾公司，但最後
仍因營運不佳而倒閉，目前由歐洲通用原子航
空系統公司接手Do228的生產及保養維修。

Do228在2010年後改款成為更新駕駛艙、
螺旋槳等的NG（new generation）機型。由
於機艙內並未進行加壓（飛行高度較低），因
此機身截面為四方形，以提升搭乘舒適度與
載運量。

圖B的「蘇愷超級噴射機100」（SSJ100），
是以軍用機聞名的俄羅斯蘇愷公司所開發的區
域航線客機（座位數最多105席）。訂單主要

A. Do228NG，
新中央航空

客艙內

■ 規格（Do228-212NG）

翼展：16.7 m	最大客艙寬：1.3 m	最大起飛重量：5,700 kg
全長：16.6 m	巡航速度：355 km/h	發動機：TPE331（漢威聯合）
全高：4.9 m	續航距離：2,485 km	最大推力：715 shp（軸馬力）× 2
		標準座位數：19席（1艙等）

來自俄羅斯的航空公司，2011年首批成品交付後，市佔率逐步成長。駕駛艙採飛行搖桿設計，並有可長途飛行的-LR機型。

　　圖C的「C919」為中國航機製造商 —— 中國商用飛機有限責任公司（COMAC）正在開發的客機，屬座位數150～200席等級的雙引擎窄體飛機，於2017年首航。假想對手為波音737及A320，但因型別檢定證（符合安全基準的證明）因素，一般認為無法於歐美銷售、飛行（2023年1月時）。COMAC另有一款座位數90～100席等級的區域航線客機「ARJ21」。

B. 蘇愷超級噴射機100

■ 規格（SSJ100-95）

翼展：27.8 m	最大客艙寬：3.2 m	最大起飛重量：55,880 kg
全長：29.9 m	巡航速度：860 km/h	發動機：SaM146（PowerJet）
全高：10.3 m	續航距離：2,960 km	最大推力：6,985 kgf×2
		標準座位數：105 席

C. C919

特色鮮明的各式運輸機

「大白鯨」（Beluga）是空中巴士公司的大型運輸機，主要是為了載運組裝中的飛機零件而開發，因外型與鯨豚相似而有此暱稱。以A300-600R為基礎的「大白鯨ST」（A300-600ST，super transporter）過去共生產5架，2019年後則開始改以A330-

大白鯨XL

夢想運輸者

200F為基礎，載運能力提升30%的「大白鯨XL」（A330-743L）機型服役。

　　而由波音公司所開發的「夢想運輸者」（Dreamlifter）目的與大白鯨相同，是以波音747-400為基礎（波音747-400LCF，large cargo freighter），貨艙空間高7公尺、寬7公尺、長30公尺。機身後方可以如同門扉般對開，進行貨物裝載。夢想運輸者至今總共生產4架。

　　「超級彩虹魚」（Super Guppy）是波音公司接受NASA（美國航太總署）委託，於1960年代開發用來載送火箭零件的運輸機，基礎來自「377 同溫層巡航者」（Stratocruiser）雙層客機。第一代名為「大肚魚」（B377PG），後來則有強化發動機，且機身更大的「超級彩虹魚」（B377SG），及更新機身結構的「渦輪超級彩虹魚」（B377SGT）等。

　　空中巴士公司也曾購入渦輪超級彩虹魚，促成後來投入大白鯨機種的研發。

渦輪超級彩虹魚

2019年11月21日於美國甘迺迪太空中心裝載獵戶座太空船的渦輪超級彩虹魚（圖片來源：NASA, Kennedy Space Center）。

COLUMN

釐清事故肇因的關鍵——「飛行記錄器」的找尋

「飛行記錄器」是一種會自動記錄各種飛機飛行相關資訊的裝置,也稱作「黑盒子」。飛行記錄器[※1]主要由「駕駛艙通話記錄器」(cockpit voice recorder,CVR)以及「飛行資料記錄器」(flight data recorder,FDR)所構成。前者記錄飛行員之間的對話及駕駛艙內的各種聲音,後者則記錄飛行高度、速度、發動機輸出、飛機位置及姿勢等飛行數據。

當發生重大的飛機事故時,飛行記錄器便能派上用場。分析保存於記錄器的資料有助於釐清事故原因,防範日後再次發生。因此飛行記錄器會做得非常堅固,外觀為螢光橘色,以便於各種環境中都可找到,並能承受強烈撞擊、深海水壓、高溫火焰等。

找不到的飛行記錄器

2009年6月1日,自巴西里約熱內盧飛往法國

法航447號班機的同型客機

FLIGHT RECORDER DO NOT OPEN

飛行記錄器
(示意圖)

巴黎

大西洋

里約熱內盧

巴黎的法航447號班機（A330）墜落於大西洋，機組員及乘客228人全數罹難。

事後雖尋獲部分機身殘骸，但卻沒有找到最關鍵的飛行記錄器。調查團隊於是決定採用一種名為「貝氏搜索」（Bayesian search）的方法進行搜索，這是來自統計學等領域所使用的「貝氏修正」（貝氏定理）。此修正法指出，想要知道導致某項結果的原因時，根據事前主觀設定的機率與透過觀測等實際得到的機率，可以推導出更可靠的機率（結果）。

首先，將飛行記錄器可能所在的海底分為若干區域，並分別設定每個區域發現飛行記錄器的機率[2]。接著搜尋事前機率最高的區域（下圖B區）。如果沒有尋獲的話，再根據該結果調整各區域原有的事前機率，使事前機率更為可靠。接

下來再從調整過的事前機率最高區域開始搜尋（下圖A區）。

反覆進行以上步驟後，終於在2011年5月發現並打撈到447號班機的飛行記錄器。在分析、檢驗記錄器的數據之後，法國航空事故調查局（BEA）做出結論，認為本起空難是「皮托管故障與機師操作錯誤（訓練不足）加總所導致」。

※1：飛行記錄器另有一項名為「快速存取記錄器」（QAR）的功能。QAR能根據需求擷取各種資料，因此常用於飛機的保養維修、改善飛航等。
※2：下圖為簡化說明，僅分為四個區域。

利用「貝氏搜索」發現的「447號班機飛行記錄器」

飛行記錄器是在大西洋（巴西海域）海底，水深約3900公尺處發現的。貝氏搜索過去也曾用於搜尋潛水艇。

現在所見到的這種飛行記錄器，美國規定1969年9月後開發的航機都須強制安裝，而日本則是自1975年起。

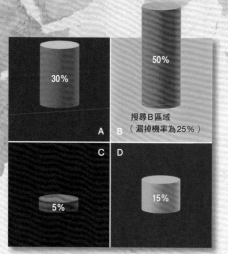

各區域的發現機率（事前機率）

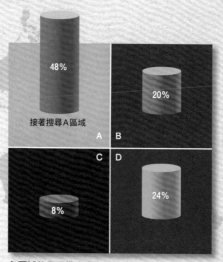

各區域的發現機率（事後機率）

未於B發現時，經過貝氏修正

4

飛機觀覽指南 - 2
Visual airplane guide #2

「HondaJet」正在進行組裝作業

圖中所示為位於美國北卡羅萊納州的「HondaJet」最終組裝產線。使用CFRP（碳纖維強化塑膠）打造的一體成型機身，減少接縫，令外型美觀及耐疲勞性提升等目標均得以實現。

百年歲月所打造出來的「HondaJet」

「HondaJet」是日本本田技研工業的航機事業子公司本田飛機公司（HACI）所研發、生產、銷售的一款商務噴射機，最多可搭載8人（包括飛行員）。根據最大起飛重量等標準，商務噴射機可區分為數個等級，HondaJet屬於最小的「超輕型噴射機」（VLJ）[※]。

反向思維發想出的「答案」

HondaJet最大的特色是發動機配置於主翼上方。

中、大型客機採用發動機吊掛於主翼下方的設計，是因為具有以下諸優點：能夠配置大開口、高旁通比的發動機，而且能儘量讓客艙遠離發動機的噪音及振動，同時客艙也可以設計得更加寬敞等。

一般的商務噴射機則是將發動機配載於機身後方，主要是為了空出主翼下方的空間，降低機身的離地高度，方便乘客上下機及裝卸行李（可以不需要專用設備）。但缺點則是由於機身必須做成能夠支撐發動機的結構，客艙會較為狹窄。另外，發動機的噪音及振動也比較容易傳至客艙。

為了兼顧距離地面高度低、確保機內空間、減少噪音及振動等優點，本田希望找出將發動機配置於主翼上方的可能性。

既然有缺點，那就設法不要讓缺點發生。多次進行以數公分為單位的模擬，檢驗機身的空氣力學等性質之後，本田終於發現，將發動機配置於主翼上方的特定位置，能減少飛行時的空氣阻力。這項發現也有助於提升飛行速度及油耗，成了HondaJet的一項亮點。

長達百年的夢想終於實現

本田從1986年開始投入小型航

可由1名駕駛員操縱。中央有三台14吋高解析度顯示器，其下方則是兩具操作飛行系統用的觸控式控制器。

HondaJet（HA-420）（→）

HondaJet目前仍在持續改進。2018年推出提升續航距離、減少發動機噪音、變更廚艙設計等的「Elite」機型，2021年又升級成為「Elite S」，提升操控性、最大起飛重量、續航距離等（圖為Elite）。

機的研發，1997年正式啟動計畫，2010年成功完成量產機的首航，2015年取得美國聯邦航空總署（FAA）頒發的型別檢定證，於同年開始向客戶交機。

這是一項實際上耗時約30年才取得的成果，但其實製造飛機是本田的創辦人本田宗一郎自創業之初——更進一步來說，是從他10歲（1917年）在故鄉欣賞航空展後就懷抱的夢想。換句話說，前後歷經了近百年，這個夢想才終於成真。

HondaJet開始發售之後，交機數量連續5年在超輕型噴射機等級奪冠。另外，2021年於美國舉辦的商務航機展「美國商業航空協會」（NBAA）上，本田更推出高一個等級（即輕型噴射機）的「HondaJet 2600概念機」（含

駕駛員最多可搭載11人），進行參考展示。

※：雖然沒有單一定義，但本田定義為最大起飛重量在12500磅以下，配載小型雙發動機的飛機。

■ 規格（HondaJet Elite S）
翼展：12.1 m
全長：13.0 m
全高：4.5 m
最大巡航速度：782 km/h
續航距離：2,661 km
發動機：HF120（GE Honda Aero Engines）
最大推力：950 kgf×2
最多搭載人數：8人（駕駛員1名＋乘客7名或駕駛員2名＋乘客6名）

百花齊放的小型飛機

本單元要介紹的是在大型機場不常看到的小型飛機。由於小型飛機並沒有明確的定義，這裡是以「搭載人數約20人以下，且有2具以上發動機的商務噴射機」，或是「配備1具或2具發動機的輕型飛機」做為基準。

賽斯納CJ4，漢恩航空
商務噴射機「獎狀」（CitationJet）系列是美國賽斯納（德事隆航空公司，Textron Aviation Inc.）旗下的著名機種，產品線包括最多乘坐7人的「M2」、最多乘坐10人的「CJ4」（以上為Cessna525），以及最多乘坐12人的「XLS」（Cessna560XL）、「Longitude」（Cessna700）等，選擇豐富。

＊搭載人數包括駕駛員（以下亦同）

龐巴迪（里爾噴射機）75 Liberty，Avcon Jet
里爾噴射機是美國的老字號商務噴射機製造商，為過去用於巴士車上廣播等的八軌錄音帶發明者里爾（William Powell Lear，1902～1978）所創立。過去曾推出數種機型，1990年併入龐巴迪旗下，目前僅存「75 Liberty」。

灣流G650，Qatar Executive

灣流公司是專門生產商務噴射機的美國航機製造商。從入門款「G280」（最多載10人）到旗艦款「G700」（最多載19人）共 5 款機型（2022年2月時）。2023年將推出巡航速度更高、續航距離更長的「G800」（最多載19人），2025年則會有客艙寬2.3公尺，為同等級中最寬敞的「G400」（最多載12人）亮相。

龐巴迪挑戰者650

改良自CRJ原型機 —— Canadair公司的「挑戰者600」，於2015年開始交機。挑戰者系列另外還有「350」（最多載10人）機型，並於2022年推出重新設計駕駛艙及客艙的「3500」，做為350的後繼機種。

龐巴迪環球7500，RISE & SHINE AIR

「環球系列」是龐巴迪商務噴射機中機身最大的機種。除了「6500」（最多載17人）與機身較短的「5500」（最多載16人），新推出的旗艦款「7500」（最多載19人）也自2018年開始交機。龐巴迪目前正在開發機身較7500短而飛行距離更長的「8500」（最多載17人）。

賽斯納天鷹（Cessna 172），
Global Aviation Academy

就像過去卡帶隨身聽都稱「Walkman®」一樣，賽斯納天鷹也讓「賽斯納」成了輕型飛機的代名詞。自1956年開始交機後經過多次改良，至今已交機超過45000架。憑藉1具汽油發動機（往復式發動機單引擎飛機）與螺旋槳產生的推力飛行。

派珀航空Archer，黑森飛行員協會

派珀航空是美國的老字號製造商，以構造簡單、1930年代之後熱銷的輕型飛機「J-3 Cub」，以及1960年代登場的往復式發動機單引擎飛機「PA-28」聞名。PA-28歷經多次改良，有許多型號，目前仍在銷售的有「Archer DLX／LX」等。

＊圖為「PA-28-181 Archer III」。

比奇 Baron G58

美國比奇（德事隆航空公司）的往復式發動機雙引擎飛機。目前銷售的是G58，原型「58」則誕生於1970年。機內全寬1.1公尺，全長3.8公尺，全高1.3公尺，包含駕駛員最多可乘坐6人。與計程車（豐田JPN TAXI）的車內空間全寬1.4公尺，全長2.2公尺，全高1.4公尺（最多載5人）做比較的話，應該不難想像其尺寸。

達梭獵鷹8X（Dassault Falcon 8X）

法國飛機製造商達梭公司的商務噴射機。「8X」是最多搭載19人的頂級款，2025年後預計推出機身更大的雙引擎飛機「10X」做為新的旗艦機種。

＊比奇與賽斯納皆為德事隆航空公司旗下的品牌。

Daher Kodiak（Quest Aircraft）100，瀨戶內SEAPLANES

Quest Aircraft是2001年成立的美國輕型飛機製造商，目前已併入法國老字號輕型飛機製造商達荷（Daher）旗下。Kodiak 100的一大特色是在各種環境皆能起降的堅固機身（也可加裝浮筒於水面起降，參見上圖），設計用途之一便是投入災害或戰亂地區等的支援機型使用。包含駕駛員在內最多可搭載10人。

專欄 COLUMN　飛行宮殿與王子殿下

你聽過「BBJ737」這個型號嗎？BBJ為「Boeing business jet」的縮寫，是以波音737為基礎，改造為商務噴射機（客製化）的機型。另外也有波音777、波音747-8等大型廣體飛機改裝成的BBJ777、BBJ747-8等。這些機型的內裝十分講究，除了私人或企業擁有外，也可當作公務行政專機使用。

BBJ也有「空中巴士版本」，名為「ACJ」（Airbus CorporateJet）。A318～A350各機型都可改裝為ACJ，過去也曾有以A380為基礎的機型。有「飛行宮殿」之稱的ACJ380曾實際接到沙烏地阿拉伯王子的訂單，但最後並沒有交機，確切原因不得而知。

「戰鬥機」的結構與機制皆與客機不同

接下來將帶領讀者初步認識軍用機。右圖中的飛機是美國洛克希德・馬丁公司（Lockheed Martin）開發的「F-35B 閃電二式」戰鬥機，整體造型與客機有明顯差異，主翼便是其中一個例子。

前緣從翼根朝翼尖方向後退（呈現後掠的形狀）的主翼稱為「後掠翼」（backswept wing）。飛機以0.7馬赫以上的高速飛行時，後掠翼具有減輕機身負荷（延緩震波發生→第182頁）等效果，因此客機也採用此設計。

取得越大的後掠角（做成更往後掠的形狀），空氣阻力也越小，但會難以維持主翼本身的強度。為解決這個問題，於是有了形狀呈三角形的「三角翼」。F-35採用的「梯形翼」便是「切掉」了對產生升力較無影響的三角翼翼尖部分，可說是兼具後掠翼與三角翼優點的設計。

另外，戰鬥機飛行時常須做出急轉彎、翻滾等大攻角（參閱第63、64頁）的動作，若垂直尾翼位於機身的中心線上，會進到從主翼及機身剝離的亂流之中，影響操舵。若設計成左右各一的「雙垂直尾翼」，亂流會從中間穿過，便能夠安全操舵。

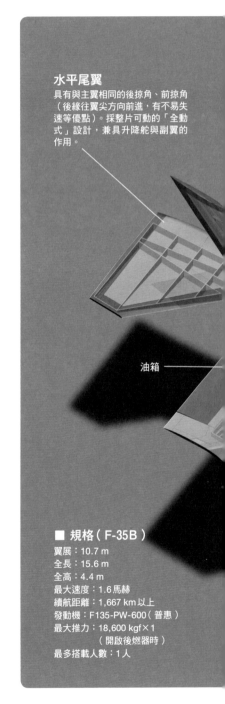

水平尾翼
具有與主翼相同的後掠角、前掠角（後緣往翼尖方向前進，有不易失速等優點）。採整片可動的「全動式」設計，兼具升降舵與副翼的作用。

油箱

F-35B 閃電二式（→）

F-35系列是目前最新的第5代戰鬥機[1]代表機種，有傳統起降基本型「F-35A」（CTOL型，conventional takeoff and landing）、短距離起飛與垂直降落的「F-35B」（STOVL型，short take off and vertical landing），以及艦載型「F-35C」（CV型，Carrier Variant）三款。其雷達截面積[2]推測在0.01平方公尺以下（相當於邊長10公分的正方形），具有極高的匿蹤性。

※1：以世代標記是噴射戰鬥機的一種分類方式（但並沒有統一的正式定義）。
※2：用於表示透過雷達觀測時所見到的機身大小。

■ 規格（F-35B）
翼展：10.7 m
全長：15.6 m
全高：4.4 m
最大速度：1.6馬赫
續航距離：1,667 km以上
發動機：F135-PW-600（普惠）
最大推力：18,600 kgf×1
　　　　　（開啟後燃器時）
最多搭載人數：1人

F
-
35
①

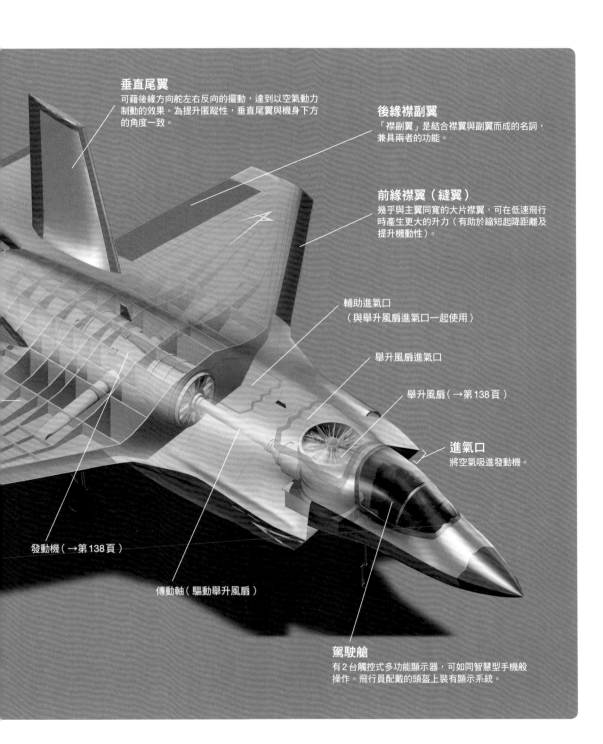

垂直尾翼
可藉後緣方向舵左右反向的擺動，達到以空氣動力
制動的效果。為提升匿蹤性，垂直尾翼與機身下方
的角度一致。

後緣襟副翼
「襟副翼」是結合襟翼與副翼而成的名詞，
兼具兩者的功能。

前緣襟翼（縫翼）
幾乎與主翼同寬的大片襟翼，可在低速飛行
時產生更大的升力（有助於縮短起降距離及
提升機動性）。

輔助進氣口
（與舉升風扇進氣口一起使用）

舉升風扇進氣口

舉升風扇（→第138頁）

進氣口
將空氣吸進發動機。

發動機（→第138頁）

傳動軸（驅動舉升風扇）

駕駛艙
有2台觸控式多功能顯示器，可如同智慧型手機般
操作。飛行員配戴的頭盔上裝有顯示系統。

令垂直降落成真的 F-35B裝置

戰鬥機主要配載與客機相同的噴射發動機（渦輪扇發動機），但通常會加裝「後燃器」[※]。這是個將燃料往發動機的排放氣體噴射，使其燃燒的裝置，可在一定時間內得到更大推力。F-35B配載的F135發動機在一般狀態下的最大推力約為12噸重，開啟後燃器（加力燃燒室）時可上升至19噸重。但由於其特性的關係，也存在會大量消耗燃料的缺點。

F-35B機身前方裝有「舉升風扇」（lift fan），左右主翼底部配置了「滾轉噴管」（roll post），發動機後方則有名為「三軸承旋轉模組」（3BSM）的可變排氣（推力偏轉）噴嘴。自進氣口吸入及發動機抽出的空氣，由舉升風扇及滾轉噴管分別朝機身下方噴射，再加上3BSM將發動機排放的氣體往下排出，使得F-35B得以垂直降落。

※：奇異將此技術命名為「Afterburner」，其他公司則稱作Augmenter（普惠）或Reheat（勞斯萊斯）等。

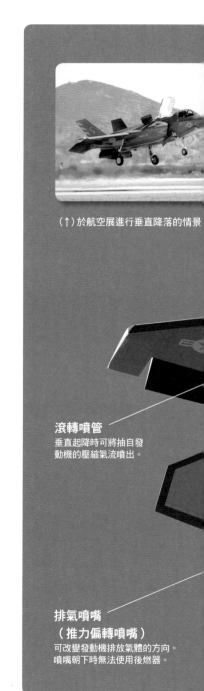

（↑）於航空展進行垂直降落的情景

滾轉噴管
垂直起降時可將抽自發動機的壓縮氣流噴出。

排氣噴嘴（推力偏轉噴嘴）
可改變發動機排放氣體的方向。噴嘴朝下時無法使用後燃器。

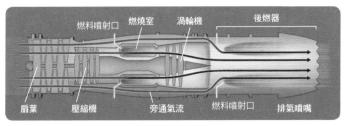

燃料噴射口　燃燒室　渦輪機　　　　　後燃器

扇葉　　壓縮機　　　旁通氣流　　燃料噴射口　排氣噴嘴

上圖為一般後燃器的運作原理。燃燒室製造出來的高溫高壓氣體與未通過燃料及燃燒室的旁通氣流混合，經再度點燃，即可藉此做到急遽加速。

> 可垂直降落的F-35B（→）

F-35B是透過舉升風扇、滾轉噴管、3BSM來控制垂直降落時的飛機姿勢。發動機的向下推力最大約8.5噸重，舉升風扇約8.5噸重，滾轉噴管左右合計約1.5噸重。

F-
35
②

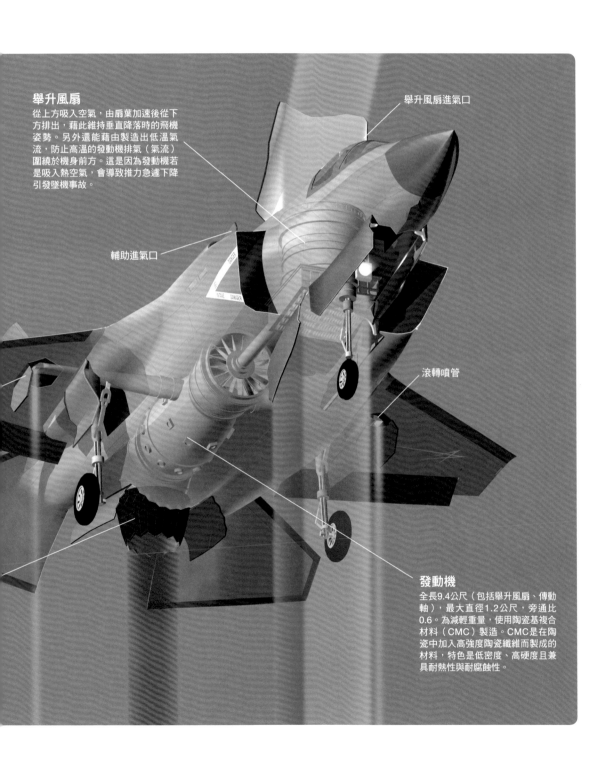

舉升風扇

從上方吸入空氣，由扇葉加速後從下
方排出，藉此維持垂直降落時的飛機
姿勢。另外還能藉由製造出低溫氣
流，防止高溫的發動機排氣（氣流）
圍繞於機身前方。這是因為發動機若
是吸入熱空氣，會導致推力急遽下降
引發墜機事故。

舉升風扇進氣口

輔助進氣口

滾轉噴管

發動機

全長9.4公尺（包括舉升風扇、傳動
軸），最大直徑1.2公尺，旁通比
0.6。為減輕重量，使用陶瓷基複合
材料（CMC）製造。CMC是在陶
瓷中加入高強度陶瓷纖維而製成的
材料，特色是低密度、高硬度且兼
具耐熱性與耐腐蝕性。

擁有高加速能力與高性能雷達的「F15」

「F-15鷹式」是波音公司（麥克唐納-道格拉斯）推出的第4代戰鬥機，配載2具渦輪扇發動機，最高速度可達2.5馬赫。發動機推力除以機身重量所算出的「推力重量比」超過1，代表若垂直立起整架飛機，理論上能像火箭一樣從靜止狀態升空。由於機鼻內裝有高性能雷達（AN／APG-63、AN／APG-70等），能夠提前掌握潛伏於空中或地面的敵機，進行精確攻擊。

因具備上述優勢，F-15在實戰中擊落逾100架敵機，沒有任何一架遭擊落，可說是所向披靡。F-15自1976年開始服役以來（首航為

1972年），已合計生產超過1000架，型號包括初期的「F-15A／B」、增加燃料搭載量的改良型「F-15C／D」以及重新設計機身，為戰鬥轟炸機打造的衍生型「F-15E」等。

採用數位式線傳飛控、提升武器攜帶量等的升級版「F-15EX鷹式二型」，也已在2021年開始向美國空軍交機。

F15，日本航空自衛隊（↓）

A、C型的搭載人數為1人（單座型）；B、D型的搭載人數為2人（雙座型）。圖中的J型及另一款DJ型則為日本自衛隊的專用機型，J型的設計與C型（DJ型與D型）幾乎相同，透過經美國政府與開發商許可，由日本企業生產的「授權製造」方式，自1981年起交機、服役。由於美方不同意提供可偵測、阻礙敵機雷達及飛彈追蹤的「戰術電戰系統」（TEWS），因此配載的是日本自行研發的系統。

＊另有數種上述以外的衍生型。

■ 規格（F-15J）
翼展：13.1 m
全長：19.4 m
全高：5.6 m
最大速度：2.5馬赫
續航距離：4,600 km
發動機：F100-IHI-220E（普惠）※
最大推力：10,600 kgf×2（開啟後燃器時）
最多搭載人數：1人

※：由日本IHI公司所生產的普惠
　　「F100-PW-220E」。

帶來諸多革新的平價戰機「F-16」

19 75年越戰結束後，F-15取代了舊型機種（F-4），成為美國空軍的主力戰鬥機，雖然F-15性能卓越，但價格極為昂貴。因此當時的美國國防部長提出「高低配」（High-Low Mix）的思維，主張以「質」取勝做為主力的F-15，將與性能一般但低價、操作靈活且以「量」取勝的新型機一起搭配運用。

基於此思維開發出來的，便是洛克希德・馬丁（通用動力公司）的「F-16 戰隼」。F-16是最先導入線傳飛控（類比式）及飛行搖桿的實用軍用機，並在駕駛艙採用多功能顯示器，主翼與機身則為一體式的「翼身融合」（Blended Wing Body，BWB），具有減少空氣阻力、增加升力等效果，帶來許多革新的創舉。而另一方面，單具發動機及與過去機型的零件可以共用等設計，使得每架F-16的導入成本僅約F-15的一半。

出於上述原因，F-16成為熱銷機種，即使問世已經40餘年，目前仍有超過3000架於全球25個國家服役。

F-16，
美國亞利桑那州空軍（→）

■ 規格（F-16 Block70/72）
翼展：9.4 m
全長：15.0 m
全高：5.1 m
最大速度：2馬赫以上
續航距離：─
發動機：F100-PW-229（普惠）
／F110-GE-129（奇異）
最大推力：13,000 kgf×1
（F100-PW-229，開啟後燃器時）
最多搭載人數：1人／2人

試作機型YF-16於1974年首航，量產型的F-16A於1978年開始編入部隊。

除了從最初期的A／B（單座型／雙座型）升級為C／D、E／F外，F-16還曾進行過多次細微調整（以批號表示），有超過20款衍生機型。2019年開始生產的最新型「Block 70／72」採用性能幾乎等同於F-35等機種的雷達（AN／APG-83），並進行發動機、機身結構的強化等。

S
u
|
2
7
/
S
u
|
3
5
S

俄羅斯的精銳戰鬥機 ──「蘇愷-27」、「蘇愷-35S」

俄羅斯生產的第4代戰鬥機中，知名度最高的當屬「蘇愷-27」（前蘇聯蘇霍伊設計局）與「米格-29」（前蘇聯米高揚設計局）。前者類似F-15，是以迎擊、擊落敵機為主的高性能戰鬥機；後者則類似F-16，屬於稍小型的機種，適合戰鬥機之間的戰鬥（空中纏鬥）。兩者皆於1970年代後期開始研發，1980年代服役。

保留了機身設計空間的蘇愷-27有雙座教練機、戰鬥轟炸機、艦載戰鬥機等許多衍生機型。1980年代後期以後，蘇聯曾開發於蘇愷-27加裝前翼[1]及改良航電系統（電子儀器及軟體）等的「蘇愷27-M」、「蘇愷-37[2]」，但是後來並未量產。

2014年，蘇愷-27大幅升級而成的「蘇愷-35S」（蘇愷公司）開始服役。雖然外觀上與蘇愷-27差異不大，但更新了駕駛艙、航電系統、機身材料等，內涵完全不同，因此稱為4.5代戰機。另外，可上下左右移動的推力偏轉噴嘴應該是吸收了蘇愷-37的經驗。

※1：安裝於機身前段的小機翼。能改善低速飛行時的運動性能，但會降低匿蹤性。
※2：蘇愷-27M換裝而成的機型，配備推力偏轉噴嘴的發動機。

蘇愷-35S，俄羅斯空軍（→）

在航空展中展示高難度的飛行操作，可說是「蘇愷-27家族」的獨門絕活。蘇愷-35S能做出高難度的動作，諸如將機頭拉至90度以上，在不失速的狀態下持續飛行，然後再次恢復水平姿勢的「眼鏡蛇」姿態；以及將機身垂直拉起，直接做出後空翻的「kulbit」（俄語翻觔斗之意）等動作。

Su-27／Su-35S

■ 規格（Su-35S）

翼展：14.7 m
全長：21.9 m
全高：5.9 m
最大速度：2.3 馬赫
續航距離：3,600 km
發動機：AL-41F1S（117S）（土星科研生產聯合體）
最大推力：14,500 kgf×2（開啟後燃器時）
最多搭載人數：1 人

自成一格的
歐系戰鬥機

「颱風戰鬥機」（Eurofighter Typhoon）是歐洲最具代表性的一款第4.5代戰鬥機。歐洲各國皆有自行研發、編入部隊的第3代戰鬥機，但隨著1970年代面臨世代交替期的到來，出現了由數國共同研發的提案。

1983年啟動的「FEFA」（Future European Fighter Aircraft）計畫，起初是由英國、德國、義大利、西班牙、法國等五國參與，但是在研發方向上出現歧見，法國很早便退出了計畫※。後來受到研發費用高漲、國際情勢變化等因素影響，計畫曾數度停擺、變更，直到2003年，颱風戰鬥機才終於開始服役〔飆風戰鬥機（法語Rafale）為2000年〕。

至於北歐的瑞典則有紳寶所研發，名為「JAS 39獅鷲（Griffin）」的第4戰鬥機。這一型戰機自1980年代開始研發，於1996年投入部隊服役。由於機身輕盈、小巧且價格實惠，性能相對於價格表現出色，因此除了瑞典本國外，也外銷至許多中、小國家。

※：FEFA計畫喊停後，其餘4國於1984年啟動全新的「EFA計畫」。

■ 規格
翼展：11.0 m
全長：16.0 m
全高：5.3 m
最大速度：1.8 馬赫
發動機：EJ200（EuroJet Turbo）
最大推力：9,070 kgf×2（開啟後燃器時）
最多搭載人數：1人／2人

颱風戰鬥機，英國空軍
「颱風」是這款戰鬥機在德、義兩國之外的暱稱。全動式前翼搭配三角翼的「鴨式」設計為一大特色，且沒有水平尾翼。相對於F-35、F-15、F-16等「多用途戰鬥機」（更換配載的裝備及武器，便能執行各種不同任務的戰鬥機），開發之初即定位為空優戰鬥機的颱風戰鬥機則有「變更任務戰鬥機」（swing-role）之稱，意即不需返回基地更換裝備及武器，便可執行對地、對空等不同目的的任務。

■ 規格

翼展：10.9 m　全長：15.3 m　全高：5.3 m
最大速度：1.8 馬赫
發動機：M88（賽峰飛機發動機公司）
最大推力：7,500 kgf ×2（開啟後燃器時）
最多搭載人數：1人／2人

飆風戰鬥機，法國空軍

法國（達梭公司）自行開發的戰鬥機。機翼與颱風戰鬥機同樣採鴨式設計，不過外型稍小（且流線），原因在於飆風戰鬥機乃預設為航空母艦之艦載使用。此外，由於當初的開發、設計定位為多用途戰鬥機，因此相對容易進行升級、修改。除了海軍用的單座型「M」外，另有空軍用的單座型「C」與雙座型「B」。

■ 規格（E-系列／F-系列）

翼展：8.6 m　全長：15.2 m（F系列為15.9 m）
全高：—
最大速度：2.0 馬赫
發動機：F414-GE-39E（奇異）
最大推力：9,990 kgf ×1（開啟後燃器時）
最多搭載人數：1人（F系列為2人）

獅鷲戰鬥機，瑞典空軍

機翼採鴨式設計的單引擎多用途戰鬥機。相較於其他戰鬥機，返回基地後再次出擊所需的檢修及準備時間較短。最早期的「A／B系列」（單座型／雙座型）經多次改良後，2016年起改款為對雷達、航電系統、發動機等進行大更新的「E／F系列」（圖為「C系列」）。

軍用機是採組隊方式執行任務

軍用機包括各式各樣不同用途的飛機（航空器），有戰鬥機、偵察機、巡邏機……等，會視狀況組隊執行任務，本單元將介紹其中部分情況。

俄羅斯米格航機集團，米格-35等

戰鬥機

主要目的為攻擊、擊落敵方航機及軍艦、地上標的物，有時也負責護衛己方。過去曾經細分為主要任務是擊落敵方轟炸機的「攔截機」、在與敵方戰鬥機的空戰中取得優勢的「空優戰鬥機」，但現代主流是單一機種便能勝任上述任務的多用途戰鬥機，因此通常統稱為「戰鬥機」。

波音，B-29（FiFi）

轟炸機

裝載於機內的大量炸彈等可由機身底部投下，攻擊地面目標。著名的轟炸機包括波音的「B-29」、洛克威爾的「B-1B」、前蘇聯圖波列夫設計局的「Tu-160」等。另外也有類似洛克希德的「F-117」等，具備戰鬥機能力的「戰鬥轟炸機」，但其角色正逐漸為多用途戰鬥機所取代。

麥克唐納-道格拉斯
AV-8B 獵鷹二式

攻擊機

主要進行對地及對艦攻擊（日本自衛隊稱為「支援戰鬥機」），其中空戰性能突出者則稱為「戰鬥攻擊機」。現代這些任務全由戰鬥機（多用途戰鬥機）負責。

波音，KC-767

空中加油機

負責為飛行中的戰鬥機加油。圖為日本航空自衛隊的「KC-767」，基礎為波音767-200ER。機身下方裝有5台攝影機，可用來確認油管位置，以遠端操作執行任務。部分機身為載運貨物及人員的空間，也可當作運輸機使用。

雷恩航空公司
RQ-4 全球鷹

偵察機

透過攝影機及雷達等蒐集敵方情報。基本上不會進行攻擊，但也有某些機種具有攻擊能力。另外，目前也有雷恩航空公司的「RQ-4 全球鷹」、諾斯洛普·格魯曼的「MQ-4C 海神」、通用原子航空系統公司的「MQ-1 掠奪者」等無人偵察機。

巡邏機

主要負責監視海面及蒐集情報。另外也有使用「磁異探測器」（magnetic anomaly detector，MAD）等裝置的「反潛機」，可提升偵搜海中潛艇的能

■ 運輸機

大致分為將人員（士兵）及戰車、軍用車輛等載運至遙遠目標區的「戰略運輸機」，以及載運至戰亂地區附近等相對較短距離的「戰術運輸機」。通常為容量較大、便於裝卸貨物的高翼機。著名機型包括屬於戰略運輸機，也是全世界最大的螺旋槳飛機「An-22 Antei」（烏克蘭，安托諾夫設計局）及「C-130 大力神」、「C-130J 超級大力神」（洛克希德／洛克希德·馬丁）、「C-2」（川崎重工）等。

波音，P-8

別里耶夫設計局，A-50

力。許多機型都是以民航機為基礎，例
如圖中的波音「P-8」便是自波音737
改裝而成。

空中預警機

配載雷達、天線、管制系統等，監視（警戒）空中，或是指揮、管制地面支援難以到達的
區域，也稱為「早期預警機」或「機載預警和控制系統」（airborne warning and control
system，AWACS）。著名機型包括前蘇聯別里耶夫設計局的「A-50」，以波音767為基礎
的「E-767」等。

安托諾夫設計局
An-22 Antei

負責載運重要人士及援助、支援活動的「行政專機」

總統、內閣總理、王室成員等各國元首及重要人士出訪時，都會搭乘「行政專機」。

中華民國目前有三款共15架行政專機，均配屬於空軍松山基地指揮部（位於臺北松山機場）。包括正副總統的波音737-800行政專機，及軍事首長的福克FK50專機、比奇BH1900C專機。FK50是供國軍上將層級使用，Bh1900C專機則供中少將級將領及政府重要官員搭乘使用。這架波音737-800是2000年由美國波音公司總廠直飛臺灣，擔負總統行政專機。它不單屬中華民國總統專用，還可為訪台友邦元首、外賓與政府首長執行專機任務。

機內分三節座艙，總統座艙有4個席位，為頭等艙等級，隔著簾幕是另一節比照商務艙等級的首長席位，最後則相當於經濟艙，供隨扈、幕僚與隨行來賓乘坐。包括駕駛和機組員，共可搭載116人。

專機上所配備的電子儀器將接收國防部的即時資訊，總統可直接在機上與國軍戰情系統連線，隨時掌握狀況並下達命令，統帥三軍。

■ 規格
翼展：35.7 m
全長：39.5 m
全高：12.5 m
巡航速度：828 km/h
續航距離：5665 km
發動機：CFM 56-7B27
最大推力：約58,000 kgf×2
座位數：116席

◆ 專欄 COLUMN ◆ **提供特殊用途的波音747「兄弟」機款**

波音747有各式各樣的「改裝機」。例如，美國總統專機「VC-25」（空軍一號）是以-200型為基礎，韓國總統專機則是新款-8I型改裝而成。另外還有用來載運組裝中之飛機大型零件的「夢想運輸者」，以及將太空梭「馱負於背上」的「太空梭運輸機」（已退役），甚至是攜載直徑約2.5公尺的巨大望遠鏡，可從平流層觀測天體的「SOFIA」（平流層紅外線天文台）等。

VC-25

太空梭運輸機（SCA）

中華民國總統行政專機

這架空軍編號3701的總統行政專機，每6年進行一次全機徹底維護。曾於2006年執行定期C級維修檢查後更改塗裝，同時加裝翼尖小翼，2009年例行性大修又改回原本的藍白塗裝，國旗漆在垂直尾翼上。

圖片來源：火星哥

COLUMN

在海面上「飛」的船「Jetfoil」

右 圖是名為「Jetfoil」的高速船。Jetfoil在日本國內也有交通營運，連接新潟市與佐渡島的航線便可見及身影。

Jetfoil最大的特色就是航行的姿態有如在海面上飛行。在造船工程學上歸類為「水翼船」（hydrofoil），其船首與船尾有裝設於支柱下方的水翼，前者（前方水翼）為T字型，後者（後方水翼）為E字型，在停泊靜止或是低速前進時（以一般船舶模式行駛時）會收起，到了一定速度以上（水翼航行模式）則會打開（水翼與船身平行）。

船隻配載2具燃氣渦輪引擎以及藉其驅動的2具「噴射泵」。噴射泵會從位於後方水翼中央的「海水供給口」吸水，再從船尾的噴嘴猛力噴出而獲得推力。水翼因此產生升力，得以在海面上進行水翼航行[1]，飛馳速度最高可達45節（時速83公里）。另外，由於不易受海浪影響，因此搭乘的感覺更為舒適（一般可在3.5公尺的浪高以下航行）。

孕育出Jetfoil的正是波音！

Jetfoil的航行機制看起來與飛機有共通之處，而其實開發出Jetfoil的正是波音。波音公司將原本為軍事用途（飛彈艇）所開發的技術轉用於此，於是Jetfoil在1974年以客船之姿誕生。由於波音旗下的船隻型號以9開頭，因此命名為「929 Jetfoil」。

後來川崎重工自波音取得生產、銷售權，於1989年造出第一艘日本國產的Jetfoil（佐渡汽船「翼」號），至1995年為止總共建造15艘。後來因運輸需求減少及生產相關因素[2]的關係，20多年不曾建造新船。直到2017年才接獲東海汽船的訂單，新交船的Jetfoil，已在2020年7月起往來飛馳於東京與伊豆群島的航線。

燃氣渦輪引擎與噴射泵（內部）
自噴射泵的噴嘴噴出的水量每分鐘平均達180噸（2具合計）。

渦輪排氣口

塵霧分離器（空氣吸入口）

後支柱（後方水翼）
下方與水翼及海水供給口相連，整體呈E字型。後方水翼的後緣有可上下擺動的襟翼。

水翼船（↓）

活躍於全世界的Jetfoil是波音生產的水翼船，但日本國內所有Jetfoil都是川崎重工生產、銷售的「川崎Jetfoil 929-117型」。水翼航行模式下，船身姿勢與搖晃的機制，是由配置在船身各處的感測器，並透過「船身自動控制系統」（automatic control system，ACS）控制襟翼而得以維持。改變方向時主要是透過水翼的襟翼上下擺動進行（轉彎時船身會傾斜，與機車過彎情況類似）。

＊解說內容參考川崎重工業、川重JPS、鐵道暨運輸機構（JRTT）之網頁。

■ 規格（929-117）

翼展：8.5 m（外框寬）
全長：27.4 m（立起水翼之狀態）
航海速力：43節
續航距離：約450 km
發動機：501-KF（艾利森發動機）
最大推力：3,800 hp×2
推進器：川崎Power Jet 20×2
標準座位數：約260席

駕駛艙

船身
（鋁合金製）

前支柱（前方水翼）

在一般船舶模式下操舵時使用，下方裝有水翼（水翼後緣有可上下擺動的襟翼）。撞擊到障礙物等，支柱承受巨大力量時，會往後方收起，並啟動衝擊吸收裝置把衝擊力消解。

※1：水的密度約為大氣的800倍，因此低速（時速35～45公里左右）時便能懸浮於海面上。

※2：必須達一定數量才會供應新造船隻的零件（噴射泵）。東海汽船的Jetfoil便是使用原本供維修所需而保存的噴射泵。

5

飛機的歷史與未來

History and future of airplanes

達成人類首次載人動力飛行的「萊特兄弟」

人類首次載人動力飛行的成功締造者，是在美國經營自行車店的「萊特兄弟」。據說哥哥威爾伯（Wilbur Wribht，1867～1912）與弟弟奧維爾（Orville Wright，1871～1948）是因為7歲時收到父親送的直升機玩具，而對翱翔天空產生興趣。兄弟倆在1896年某天得知，專門製作滑翔機並

飛行2000多次的德國人李林塔爾（Otto Lilienthal，1848～1896）墜機身故，深感衝擊，於是下定決心要親手造出飛機。他們熟讀李林塔爾以及有「航空之父」稱譽的凱利（George Cayley，1773～1857）等眾多先進的文獻及論文，俾深入理解空氣動力學。

萊特兄弟在1900年作出1號機，並於隔年

飛上天空的
萊特兄弟

醉心於翱翔天際之
先驅者的飛行器（↑）

A：達文西（Leonardo Da Vinci，1452～1519）所設計的航空器「撲翼機」，以人力做出拍翅的動作，未曾實際飛行過。達文西是以科學角度思考如何打造機械讓人類飛上天空的先驅，並留下「直升機」※的草圖。B：李林塔爾以自行打造的滑翔機進行過許多次飛行實驗，並留下詳細的數據（關於作用於機翼的空氣動力）。C：凱利的滑翔機。凱利未採用許多人曾嘗試過的「仿鳥拍翅」方式，而是率先提倡藉由固定翼獲得升力。

※：全日空曾以此做為公司徽章圖案。

作出2號機,但是成果不如預期。兩人對李林塔爾的數據產生疑問,於是自行建造名為「風洞」的實驗裝置,重新親自測量機翼所產生的升力與阻力。這項做法得到成效,1902年製作的3號機終於展現出令人滿意的飛行性能。

隔年的1903年,兄弟倆以3號機進行1000次飛行實驗,得以精進自己的操縱技術。該年的12月17日上午10點35分,於滑翔機上安裝自製發動機與螺旋槳的「萊特飛行器」終於成功飛上天空(地點為屠魔崗的沙丘)。

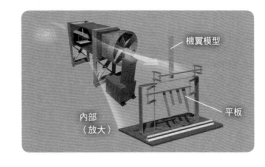

(↑)萊特兄弟的風洞
由麵粉箱及汽油引擎驅動的風扇所製成。將縮小版的機翼安裝在風洞內部的天秤上,藉以測量產生的升力及阻力(與平板垂直迎風所受的力達成平衡以求出結果)。萊特兄弟測量200種機翼的數據,從中決定出最佳的形狀與翹曲度。

機翼模型

平板

內部
(放大)

萊特飛行者號於12月14日進行首航,擲硬幣後決定由哥哥威爾伯操縱,但飛行失敗,機身出現破損。完成修復的17日改由弟弟奧維爾操縱,再次嘗試飛行。在哥哥與5名見證人的注視下,萊特飛行者號沿著南北向的滑行軌道往北滑行後,飛行了12秒,約36公尺。兄弟兩人輪流操縱,這一天總共成功飛行4次(最長的一次為59秒,約260公尺)。

萊特飛行者號

萊特兄弟自行打造的萊特飛行者號集結了各式各樣的巧思。其中最出色的，可說是藉由扭曲主翼使機身傾斜進行轉向。現代飛機同樣也採用這種以三維（上下、左右、前後方向）控制機身姿勢的觀點。

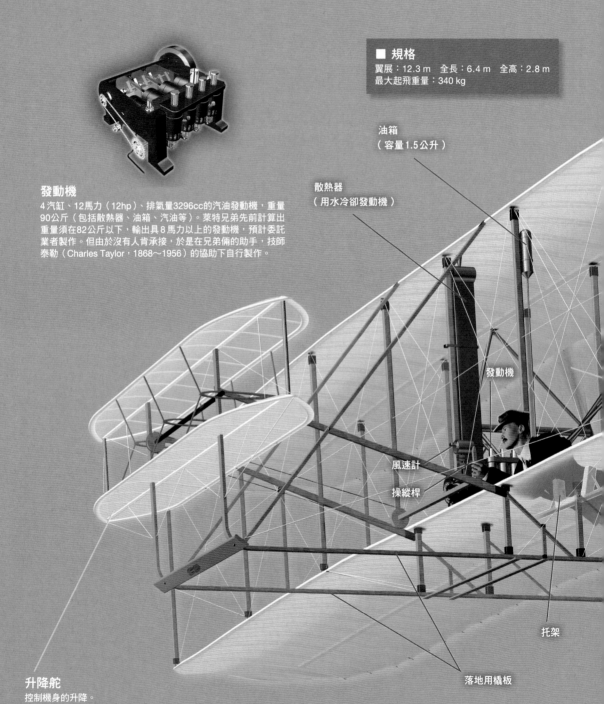

■ 規格
翼展：12.3 m　全長：6.4 m　全高：2.8 m
最大起飛重量：340 kg

油箱
（容量1.5公升）

散熱器
（用水冷卻發動機）

發動機
4 汽缸、12馬力（12hp）、排氣量3296cc的汽油發動機，重量90公斤（包括散熱器、油箱、汽油等）。萊特兄弟先前計算出重量須在82公斤以下，輸出具 8 馬力以上的發動機，預計委託業者製作。但由於沒有人肯承接，於是在兄弟倆的助手，技師泰勒（Charles Taylor，1868～1956）的協助下自行製作。

發動機

風速計

操縱桿

托架

升降舵
控制機身的升降。

落地用橇板

每片機翼都是將布料黏貼於木製骨架，表面再塗上防水塗料。上下2片（雙翼）主翼以木製支柱連接，形成高強度結構。

螺旋槳軸

鏈條

主翼（翹曲機翼）

主翼右側設計得比左側長約10公分。這是為了抵消發動機位置偏右的重量（提升升力）。

螺旋槳

左右共2具，直徑2.6公尺（2片扇葉）。發動機的動力會經由2條鏈條分別傳送至螺旋槳軸，而2具螺旋槳彼此則是反向旋轉，以維持機身的左右平衡。

操縱席

將腰放在名為「搖籃」（托架）的部位，以趴姿進行操控。運用腰部左右滑動托架，能透過纜索扭轉主翼，使機身轉向。飛機的升降是透過操縱桿（纜索）控制升降舵的角度進行操作。

方向舵

可防止機身在轉向時側滑，並在飛行時維持側向的穩定（＝垂直尾翼的作用）。2片方向舵會與主翼連動做出擺動。

造出兩種飛行機器的日本人「二宮忠八」

在萊特兄弟成功飛上天空的10多年前，也有一名日本年輕人認真思考如何在天空飛翔，這個人叫作二宮忠八（1866～1936）。忠八生於伊予國八幡濱（現在的愛媛縣八幡濱市）的海產批發商之家，是家中的四男，自幼便擅長製作風箏。據說他在15歲時便會販售小鳥、扇子、燈籠等特殊造型的風箏（鄰里周邊的人稱為「忠八風箏」）以籌措學費。

忠八23歲時參加陸軍秋季演習的歸途中，

＊圖片來源：八幡濱市教育委員會（烏鴉型、玉蟲型皆同）

烏鴉型飛行機器

從烏鴉學習到飛行原理的忠八製作出以橡皮為動力的模型飛行機器（翼展57公分×全長約60公分×全高約17公分）。4片扇葉的螺旋槳靈感來自竹蜻蜓，轉動螺旋槳的動力是切成細長條的聽診器橡皮管。機身與機翼使用竹子與和紙打造，機頭部分貼有「烏鴉頭」（圖示原件該部分已缺損）。這架「烏鴉型飛行機器」在1891年4月29日約飛了10公尺的距離。

在山隘看到了烏鴉飛翔的身影。他發現，烏鴉在開始飛行時會拍動翅膀，但在接近目的地時翅膀會停止拍動並稍微朝上，以水平的角度飛行（藉由調整翅膀的角度將風力化為升力）。

過去人們都想要模仿鳥類，也就是以拍動翅膀的方式飛上天空。但忠八發現，即使翅膀固定不動也還是能飛行，認為只要遵循這項原理，人類也一樣能在天空飛翔。

二宮忠八（圖片來源：飛行神社※）

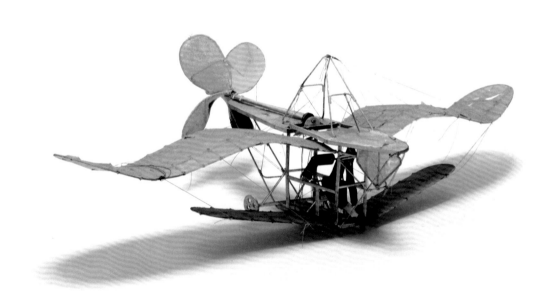

※：為悼念飛航事故的罹難者，忠八在1915年所設立。

玉蟲型飛行機器

忠八觀察飛魚到「天女」、「天狗」等所有會飛生物的動態。他注意到，玉蟲（彩虹吉丁蟲，Chrysochroa fulgidissima）會在硬翅張開的狀態下飛起來，並拍動位於其下的軟翅前進。於是他在1893年時製作出以載人飛行為前提所設計的雙翼「玉蟲型飛行機器」（此時製作的是縮小模型：翼展約81公分×全長約43公分×全高約25公分）。

不敵於大海彼岸奮戰的 「對手」

前 一單元介紹的「玉蟲型飛行機器」是以載人乘坐為前提所設計、製作的。忠八完成此模型的時間，其實較製作萊特飛行者號早了約8年。但由於資金不足及太過忙碌，開發進度不如預期。

1894年7月甲午戰爭爆發後，忠八參軍擔任野戰醫院的醫務兵。當日軍隊推進到平壤一帶時，忠八親眼目睹不計其數來自前線的輕重傷患，心想若是有自己發想出來的飛行機器，或許能對戰局有所幫助。

於是忠八向軍方提出開發飛行機器的請願書及其概念圖，但立即遭到駁回。戰爭結束後，忠八曾多次試圖將請願書交給軍方高

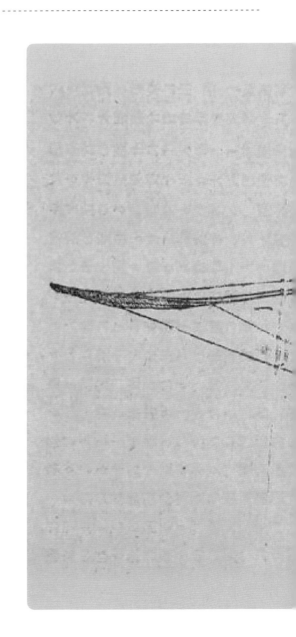

層，但始終未被接受。

未能實現的夢想

後來忠八為了籌措製作飛行機器所需的資金，選擇退伍前往大阪的製藥公司工作。1902年，搬到京都居住的忠八看到住家附近碾米廠的石油發動機運作情景，他於是想到，若使用這種發動機來驅動螺旋槳，夢寐以求的飛行機器或許就能成真。

而在太平洋彼岸的美國，萊特兄弟在1903年先一步成功飛上天空。得知此消息的忠八流下了男兒淚，並將仍在製作中的機身拆毀（實物大小的玉蟲型飛行機器），此後便對製作飛行器完全死心。

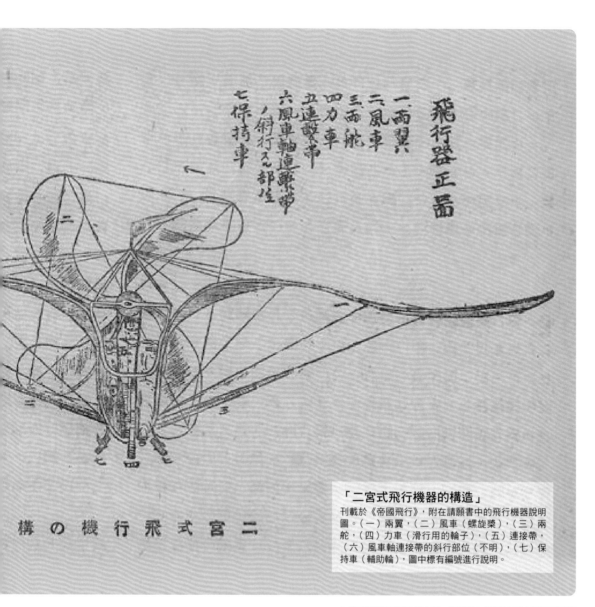

「二宮式飛行機器的構造」
刊載於《帝國飛行》，附在請願書中的飛行機器說明圖。（一）兩翼，（二）風車（螺旋槳），（三）兩舵，（四）力車（滑行用的輪子），（五）連接帶，（六）風車軸連接帶的斜行部位（不明），（七）保持車（輔助輪），圖中標有編號進行說明。

＊《帝國飛行》第5卷4號，1920年／出處：國立國會圖書館

駕駛飛機在日本空中翱翔的第一人「普里爾」

日本第一個駕駛飛機翱翔天空的人，名叫普里爾（Yves Le Prieur，1885～1963），是個以法國大使館候補翻譯官身份前來學習日語的年輕人。

他參考父親所贈送的小冊子「飛行家世界」，出於興趣便打造了一架竹製骨架的滑翔機，並在東京市區（自家附近及青山學院）進行試飛，但似乎未能順利起飛。於是普里爾找人協助，包括住在附近的海軍相原四郎（1879～1911），以及東京帝國理科大學的田中館愛橘（1856～1952），三人合力進行機身的改良。

1909年12月9日，普里爾在東京上野的不忍池進行飛行實驗，由汽車牽引的滑翔機以數公尺的高度飛行了約100公尺。之後相原也嘗試飛行，但途中連接滑翔機與汽車的繩索斷裂，發生飛行後掉入水池中的意外。

普里爾與
「勒・普里爾2號」滑翔機（→）

不忍池周圍已往曾當作賽馬場使用。水池西側有條直線道路，幾乎呈南北走向，寬25公尺、長350公尺左右，滑翔機便是由南往北滑行（不忍池位於右手邊）。飛上天空之後，滑翔機降落在勸業協會前的廣場。

名留日本航空史冊的前人 ①

＊圖片來源：一般財團法人日本航空協會（禁止複製）

1910年12月19日
日本首次動力飛行成功

當歐美各國持續發展飛機之時，日本也逐漸體認到必須進行相同的研究，於是陸軍、海軍共同成立了「臨時軍用氣球研究會」，並派遣隸屬陸軍的日野熊藏（1878～1946）與德川好敏（1884～1963）前往歐洲購買飛機並學習操縱技術[※]。

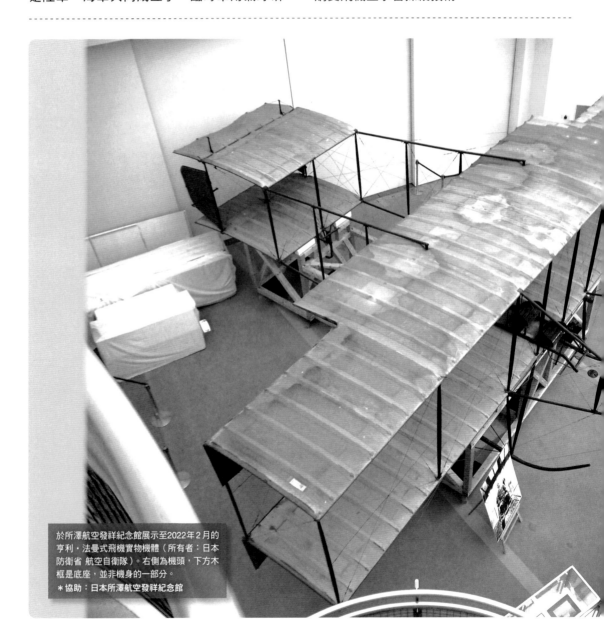

於所澤航空發祥紀念館展示至2022年2月的亨利‧法曼式飛機實物機體（所有者：日本防衛省 航空自衛隊）。右側為機頭，下方木框是底座，並非機身的一部分。
★協助：日本所澤航空發祥紀念館

1910年4月11日，兩人從東京新橋車站出發，經西伯利亞鐵路分別前往德國與法國。在當地停留約半年時間，完成所有任務後，於同年11月返國。

日野在德國購買的「漢斯‧格拉德式飛機」以及德川在法國購買的「亨利‧法曼式飛機」陸續送抵後，便在氣球隊位於東京中野的設施進行組裝與調整。同年12月19日，終於在代代木練兵場（現在的代代木公園）展開試飛。

日野的格拉德式飛機雖然發動機短暫故障，經過修理後，兩架飛機皆順利飛上天空，迎來了日本首次動力飛行成功的時刻。

※：幾乎在同一時期，前一單元介紹過的相原受命前往德國研究高空氣象與熱氣球，田中館則奉命派往歐洲視察機場設備。田中館後來推薦埼玉縣所澤做為日本第一座機場的興建地點（促成「所澤機場」的誕生）。

繪有亨利‧法曼式飛機的蒙古郵票

專欄 COLUMN

「日本首次」其實在14日？

代代木練兵場的試飛原本排定在15、16日進行，考量到天候及其他因素，17、18日為預備日。由於格拉德式飛機提前完成調整，因此在14日便開始測試，並在這一天以10公尺的高度成功飛了60公尺。但因為這一天原本並非正式的測試日，所以用「因滑行時的勢頭過猛而意外飛起」作結。

15日進行正式測試時，格拉德式飛機的機身與螺旋槳因為突如其來的陣風而破損，法曼式飛機的輪胎也在滑行時脫落而破損。16日僅由格拉德式飛機進行測試，再度成功飛行約100公尺的距離。由於17、18日風勢過大，正式測試在19日才開始進行。

完成日本國產飛機首航的「奈良原三次」

在日野與德川返國前約1個月的1910年10月，海軍技師[1]奈良原三次（1877～1944）於東京戶山原（現在的新宿區百人町附近）獨自進行試飛，他駕的是使用自己付出金錢與時間打造的飛機。

這次試飛所使用的「奈良原式一號機」，是參考美國「柯蒂斯式飛機」的雙翼機，主翼前後錯開、螺旋槳位於駕駛座前方的「牽引式」都屬新穎的設計。當時的飛機多為螺旋槳位於駕駛座後方的「推進式」設計。但一號機的表現不如預期，未能成功飛上天空[2]。

奈良原式四號機（鳳號）
奈良原式飛機最終作到五號機（鳳二世號）。另外，德川的法曼式飛機在代代木練兵場發生螺旋槳破損的意外時（參閱169頁專欄），奈良原提供手頭的飛機零件做為替代品，解救此次危機。

二號機達成日本國產飛機處女航

1911年5月5日，第二次試飛是在剛完工的陸軍所澤機場[3]進行。二號機的外觀與一號機相似，但骨架改為木製（一號機為竹製），並配載推力提升一倍（50馬力）的法國製「諾姆」發動機。飛機滑行約200公尺後，成功以4公尺左右的高度飛行約60公尺，這被視為日本國產飛機的首次飛行。

之所以說「被視為」是有原因的。其實在約10天前的4月24日，有個名叫森田新造（1879～1961）的人，開著自己所造的單翼機，在大阪的城東練兵場以1公尺左右的高度飛行了約80公尺（無法確定是否為正式飛行紀錄）。不過由於造成現場的兒童受到輕傷，因此森田後來放棄繼續研究、製作飛機。

自掏腰包建造機場

後來，奈良原從海軍退役，開始正式投入飛機製作。緣於過去隸屬臨時軍用氣球研究會的交情，所以他仍持續在所澤機場進行飛行練習。但民間人士製造的飛機越來越難使用軍方機場進行試飛，因此奈良原決定自行建造機場。

他相中的地點是千葉縣稻毛地方的海岸。稻毛在退潮時會出現2～3公里的沙灘（泥灘），而且退潮後形成的沙灘質地緊實，奈良原認為可當跑道使用。

奈良原在1912年5月使用木材與蘆葦簾建成了機棚，日本第一座民間機場「稻毛機場」便在此誕生。後來奈良原以此處為據點，與門生一同培育飛行員，並在日本各地舉辦航空展。

※1：奈良原也曾隸屬於臨時軍用氣球研究會。
※2：因發動機馬力不足，所以僅有滑行。
※3：正式名稱為「臨時軍用氣球研究會所澤試驗場」。

民間航空發祥地
過去稻毛機場所在的海岸如今已填平成為稻岸公園（千葉縣美濱區），圖示為民間航空發祥地的紀念碑。

COLUMN

獲「無敵」美譽之「零式戰鬥機」的設計者

日本的國產戰鬥機中，最有名的當屬「零式戰鬥機」。孕育出零式戰鬥機的人物，正是吉卜力工作室的動畫電影《風起》中主角的原型──堀越二郎（1903～1982）。

堀越與飛機的相遇，可以追溯到小時候看過的《飛行少年》雜誌。堀越以第一名自東京帝國大學航空學系[※1]畢業後，在1927年進入三菱內燃機（現在的三菱重工）工作。奉派前往歐洲及美國學習當地最先進的航空技術後，他接受海軍的請託，負責設計戰鬥機（七試艦上戰鬥機）。

堀越完成的試作機為單翼型，而當時的主流是雙翼型，因此這次的嘗試相當有挑戰性。但由於堀越的試作機有不少缺點，未能滿足海軍的要求，所以未獲採用。

堀越接著投入「九試單座戰鬥機」的開發，他記取七試的失敗教訓與經驗所設計出來的成品，其性能凌駕於競爭對手（中島飛機）之

上，於1936年獲海軍正式採用為「九六式艦上戰鬥機」。

相反性能得以共存的「祕技」

1937年中日戰爭爆發後，海軍向各製造商提出建造新型「十二試艦上戰鬥機」試作機的要求。但海軍開出的規格需包括配備火力強大的20mm機砲等武器，同時具有優異的空戰性能與足夠的速度，還要能長距離飛行，可說是強人所難。

雖然之後與海軍的討論並無交集，但決定將研發重點放在「空戰性能」、「續航力」、「速度」後，堀越便以公克為單位進行徹底的輕量化，試圖達成上述要求。他採取多管齊下的方

式輕量化，例如接合零件用的是九試也曾使用的平頭鉚釘[2]，主翼的桁條則採用日本國內新開發的7075鋁合金。另外像是將重要性不高的零件做成空心結構（在駕駛座椅面鑽孔等），以及拆除抵擋後方砲火用的「防彈板」等。

零式戰鬥機也集結了許多當時的最新技術。主翼翼尖做出數度角的「外洗」設計，減少作用於機身的空氣阻力；另外還採用「降低剛性法」，與操縱相關的零件選用細或具柔軟性的材料製造，解決升降舵在越高速時會越重及反應過度的問題[3]。

另外，也在機身下方加掛拋棄式的副油箱，大幅增加續航距離。

零式戰鬥機帶來的影響

匯集眾多創意發想與技術，經過多次改良後，終於完成「零式艦上戰鬥機」。其戰鬥能力令人瞠目結舌，到太平洋戰爭中期為止，令敵方深感畏懼。但1942年，一架墜落於北太平洋阿留申群島（安庫坦島）的零式戰鬥機遭美軍尋獲，進行分析並採取因應措施，零式戰鬥機此後便失去了優勢。

日本最終雖然戰敗，但零式戰鬥機之名與事蹟仍流傳於世界各地，無庸置疑地在航空史上帶來極大的衝擊。

※1：參與YS-11研究、開發的木村秀政及土井武雄是堀越的同學。
※2：由於沒有突起，可減少空氣阻力。
※3：戰後，堀越以降低剛性法的相關論文取得東京大學的工程博士學位。

COLUMN

Horikoshi Jiro

堀越二郎

零式艦上戰鬥機

累計生產超過一萬架。日方將其簡稱為「零戰」，二戰時的美軍則稱之為「Zero Fighter」。

航空工程的進步

120年來航空工程取得長足的進步

從萊特飛行者號首航至今的約120年間，航空工程取得了長足的進步。例如，將金屬材料應用於飛機製造，襟翼、伸縮架（將起落架收納於機身的裝置）等的實用化，對於提升飛機性能都有相當大的貢獻。

推進裝置（發動機）的進步對於飛行速度的提升，更是令人驚歎不已。例如，在1914年爆發的第一次世界大戰，飛機時速不過100～180公里左右；但到1939年爆發的第二次世界大戰時，已有北美航空公司的「P-51野馬戰鬥機」等高速飛機登場，時速約達700公里。

此外，從1930年代後期開始研發，40年代開始實用化的噴射發動機，也進一步提升了飛機的速度。在奧維爾（萊特兄弟中的弟弟）去世前一年的1947年，前蘇聯（米高揚設計局）的「米格-15」及北美航空公司的「F-86 軍刀式」最高飛行速度皆已逼近音速（時速分別為1050、1080公里左右，而音速為1236公里/小時）。

He178

德國亨克爾飛機製造廠所生產，配載全世界第一具渦輪噴射發動機（推力為500kgf）的實驗機。1939年首航，最高飛行速度為時速640公里。翼展約7.2公尺，全長約7.5公尺。

P-51 野馬戰鬥機

因戰績出色，至今仍為人津津樂道的著名往復式發動機戰鬥機。1942年首度用於實戰。最初配載美國艾利森發動機公司生產的發動機，但因買主英國軍方的要求，中途改為勞斯萊斯的「梅林發動機」。這項改變大幅提升其空戰能力。

米格-15

第1代的噴射戰鬥機（上圖左側）。因性能卓越，帶給全世界巨大衝擊。發動機為勞斯萊斯的「尼恩」。後掠翼設計為其一大特色，整體造型較敵手F-86（上圖右側）小上一號。

「往復式發動機」時代的明星級客機

客機在航空史上正式登場，是從1933年首航的波音「247」開始。247的機身使用鋁合金打造，有收納式起落架，是配備了2具汽油發動機（往復式發動機）的螺旋槳低翼機，最多可乘坐10名旅客。紐約與洛杉磯之間約3900公里的距離，中途需降落加油7次，耗時約20小時。

另一方面，美國道格拉斯飛機公司所開發的DC-1～DC-3也是不會被時代遺忘的機型。尤其是在1935年首航的「DC-3」，與247同為雙引擎、往復式發動機／螺旋槳飛機，但由於機身更寬，最多能夠乘坐21名旅客。因為能壓低飛航成本，這款DC-3成為銷售超過1萬架的暢銷機型。

革命性的307與377

現代客機必定會配備的加壓裝置，最早出現於波音的「307平流層客機」。307客艙寬3.6公尺，有33席座位，可飛行至大約6100公

DC-3

尺的高度，為當時飛機中航高最高者，而且能減少乘客耳鳴的問題。

至於波音公司的「377同溫層巡航者」（Stratocruiser）則是款1947年首航的大型客機，時值往復式發動機飛機正逐漸退出舞台之際。波音377是以軍用機「B-29」為基礎所打造，機身部分為2層結構。2樓為乘客座位、臥鋪、寬敞的化妝室以及廚艙，1樓則有休息室等，提供許多豪華設備，讓乘客能享受舒適的空中旅程。

往復式發動機的時代

DC-3，芬蘭航空（↙）
377同溫層巡航者，美國海外航空（↓）

DC-3起初是設計成配備臥鋪的客機，因此機身較寬。歸功於此設計，使得DC-3能較過去機型設置更多座位。圖為在紐西蘭拍攝到的現役飛機。日本的ANA及北日本航空（後來的JAL）也曾在1950年代中期到60年代中期使用DC-3執勤航運。

同溫層巡航者因飛航成本過高及故障頻傳等因素，僅生產58架，並未取得商業上的成功。不過後來成為大型運輸機「彩虹魚」系列的基礎，活躍於另一個舞台（參閱第123頁）。

377

「噴射時代」在1950年代前期拉開序幕

自1950年初開始，配載噴射發動機的「噴射客機」取代往復式發動機飛機，成為客機的主流。噴射客機與戰鬥機一樣，可以用世代進行大致的分類（但並沒有統一的正式定義）。

在「第1代」之中最具代表性的，是全世界第一款噴射客機，也就是英國德哈維蘭公司（de Havilland）所開發的「DH-106彗星」。1952年開始服役的彗星型客機，於主翼內配載4具渦輪噴射發動機，能以往復式發動機飛機2～3倍左右的速度飛行。初期的-1型乘客座位數僅有36席，後來隨著機身改良，演進為超過100席的-4C型。

彗星型客機飛航的前兩年，發生3起墜機事故，進行徹底調查後（還使用實機進行還原）發現，原因是機身在經過反覆加壓後會產生金屬疲勞，導致龜裂及損壞。此後大幅改變了評判機身強度的基準（測試內容）。

持續演進的噴射客機

1960年代後期，「第2代」噴射客機登場了。其中著名的英國霍克・西德利公司（Hawker Siddeley）的「HS121 三叉戟[1]」、波音公司的「波音727」，及前蘇聯圖波列夫設計局的「Tu-154」等，均為機身採T型尾翼與後置引擎設計，座位數約80～180席的三引擎飛機。這是由於

種種因素（參閱26頁）影響所致，包括當時仍有許多設備不盡完善的機場，以及「ETOPS60」規定（1953年以後）雙引擎飛機只能飛行60分鐘以內須有機場可降落的航線等。

而1970年代揭開大量運輸時代的序幕，則是「第3代」客機的問世。除了暢銷的「波音747」，麥克唐納-道格拉斯的「DC-10」及洛克希德的「L-1011 三星」等廣體飛機都十分著名。

空中巴士的首架客機「A300」同樣是第3代的代表性機種，這是全世界首款廣體飛機（雙引擎飛機），採2＋4＋2的座位配置，可容納約250～350人。其外徑5.6公尺的機身成為後來

第1代：DH-106 彗星型，Dan-Air London

第1代的著名噴射客機，除彗星型客機以外，還有長航程的「波音707」、道格拉斯飛機公司的「DC-8」，中短程則有法國國營東南飛機製造公司的「SE-210 卡拉維爾」等。另外，發動機吊掛於主翼下方這種一般大眾對於客機最普遍的印象，是由波音707確立的。

A310、A330、A340（皆為第4代）的基礎。

1980年代初期，出現了採用玻璃駕駛艙的雙引擎半廣體飛機「波音767」，成功實現以2名機師飛航的編制。

另外，ETOPS管制在1985年放寬限制，改成「120分鐘以內」的「ETOPS120」，並在1988年進一步放寬為「ETOPS180」。於是經濟效益較過去更高的雙引擎廣體飛機「波音777」在1994年登場、首航，自此展開雙引擎飛機的時代（第4代）[2]。

「第4代」的代表性機種，包括率先採用數位線傳飛控的「A320」，以及採用旁通比更高的引擎及CFRP等新材料的「波音787」、「A350 XWB」等機型，更加提升環保及經濟效益，直到目前仍活躍於全球的天空。

[1]：三叉戟是全世界第一款三引擎飛機。
[2]：第一架取得ETOPS120的客機是波音767（第3代），ETOPS180為波音777（第4代）。

（↑）子爵（Viscount），聯合航空
英國維克斯公司所開發的全世界第一款渦輪螺旋槳客機，1948年首航（原型機）。除了1953年開始服役，約有50席座位的「700」機型外，後來還有加長機身，約70席座位的「800」（圖為700）。

第2代：Tu-154，烏塔航空
第2代的代表性客機包括了三叉戟、波音727、A300、DC-9、Tu-154等。Tu-154是來自前蘇聯的窄體飛機，於1960年代後期首航。

第3代：DC-10，萊克航空
DC-10與波音747、三星等同為第3代客機的一員，於1970年首航。相對於主攻長程航線的波音747，DC-10則瞄準中長程航線市場。

名留青史的「協和號」超音速客機

當 第 2 代的噴射客機於1950年代後期到60年代大放異彩之際，許多家航機製造商也正在研發可以超越音速飛行的機種，稱為超音速客機（super sonic transport，SST）。其中最具代表性的，就是英國布里斯托飛機公司（Bristol Aeroplane Company）與法國南方飛機公司[1]聯手打造的「協和號」（Concorde）。

協和號客機擁有空氣阻力小的尖銳機鼻（鼻錐），以及改善三角翼空氣動力特性的「S形前緣機翼」、附加後燃器的 4 具渦輪噴射發動機等，並且是全世界首款採用線傳飛控（類比式）的客機，儼然是戰鬥機的規格。因此，協和號只需約 3 小時30分就能飛越紐約與倫敦之間約5500公里的距離（最快紀錄為 2 小時53分，1996年）。跨音速（transonic）飛機最快的紀錄是英國航空的波音747於2020年 1 月創下的 4 小時56分，協和號的速度可見一斑[2]。

協和號客機於1976年開始服勤，但因波音747的成功象徵大量運輸時代的到來，並且具有噪音、油耗不佳等問題，2003年11月後已全數退役。

[1]：國營東南飛機製造公司與國營西南飛機製造公司合併，於1957年成立的企業。

[2]：兩項紀錄都是利用所謂「噴射氣流」的高空強勁西風所達成的。

■ 規格
翼展：25.6 m　全長：61.7 m　全高：12.2 m
巡航速度：2,170 km/h（最高2.0馬赫）
續航距離：7,230 km　最大起飛重量：18,500 kg
發動機：奧林帕斯593（勞斯萊斯）
最大推力：17,260 kgf×4（開啟後燃器時）
標準座位數：100席（2+2排）

協和號，英國航空（↓）

S形前緣機翼雖具有下列優點，如在音速飛行時的空氣阻力較小，即使沒有水平尾翼也能維持機身穩定，但因較一般客機難獲得升力，所以起飛時必須做出大幅拉起機頭的姿勢（加大攻角）。為了避免因此造成機尾「屁股著地」，於是加裝了收納式尾橇。另外，協和號的起落架較長，並為了確保機師的視野，機頭做成可下垂的構造。同時期的超音速客機還有前蘇聯圖波列夫設計局的Tu-144及波音的2707（中止開發）。

困擾協和號的
「音爆」

飛機在空氣中以超音速飛行時，機頭前方附近的空氣會受到壓縮而產生震波（空氣牆），當震波到達地面時會產生所謂的「音爆」（sonic boom），亦即有如雷鳴般的爆炸聲，而這也是導致協和號退役的一個原因（受限僅能在海上以超音速飛行）。

人類歷史上首度以超音速飛行的飛機，是NACA（美國國家航空諮詢委員會，NASA的前身）與貝爾飛機公司打造的「XS-1」（後來改稱X-1）。萊特兄弟的弟弟奧維爾去世前約3

個月的1947年10月，一架B-29承載著由葉格（Charles Elwood Yeager，1923～2020）駕駛的XS-1一同升空。兩架飛機在高空分離後，葉格啟動發動機（火箭發動機），在高度約13000公尺處創下了1.06馬赫的紀錄。這是展開飛行實驗後的第50次飛行。後來仍持續進行多次實驗，並在1948年3月創下1.45馬赫的紀錄。

音爆

右圖顯示從0.75馬赫至1.3馬赫產生的震波（飛機為F-35）。圖中震波看起來是平面的，但實際上是從機頭呈圓錐狀往後擴散。震波的大小會隨機翼及機身形狀而改變。

0.95馬赫
機身表面多處氣流都會超越音速。震波進一步增強，往飛機後方移動（化作一體），嚴重影響副翼的性能。此外也會造成震波後方的氣流紊亂，方向舵及升降舵的操縱性變差。

1馬赫以上
超過1馬赫時，機翼前緣及機頭前端也會產生震波。超過1.3馬赫時，整架飛機的氣流都會超過音速，飛行因此趨於穩定。

0.75 馬赫以下
在次音速下飛行不會產生震波。

0.8 馬赫
主翼上、下翼面等處的氣流超越音速,產生震波。機身
各處的氣流紊亂,對整體穩定性造成不良影響。

＊次音速與音速共存的速度區間稱為「穿音速」。

超越音速飛行的飛機與
震波傳遞示意圖(↓)

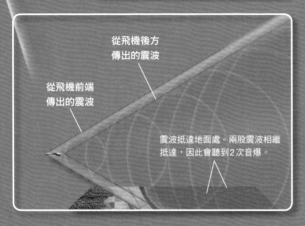

從飛機後方
傳出的震波

從飛機前端
傳出的震波

震波抵達地面處。兩股震波相繼
抵達,因此會聽到2次音爆。

專欄 COLUMN　協和號效應

有些人沉溺於賭博無法自拔,原因除了
腦部分泌的愉悅物質(多巴胺)外,也
有看法認為是受到名為「協和號效應」
的心理現象影響。這種效應指由於不願
接受在某個時間以前付出的成本(費
用,時間,勞力等)化為烏有,因此即
使今後前景不樂觀,還是無法停止投入
成本的心態。之所以稱為協和號效應,
是從即使協和號由於油耗表現及座位數
等因素在商業上不被看好,卻還是不願
中止開發的教訓而來。

日本設計、生產的首架渦輪螺旋槳客機「YS-11」

第 2次世界大戰之後，駐日盟軍總司令部（GHQ）發出了「航空禁止令」，規定日本完全不得從事航機相關的研究及開發等。不過1950年韓戰爆發後，美軍陸續提出修理航機、船隻等，以及補給物資的委託，因此在1952年解除了禁令。日本的通產省（現在的經濟產業省）因而由「沉睡」中甦醒，委託日本航空工業會彙整出國產客機（自行研發）基本方案，希望能夠取代當時日本國內常見的「DC-3」客機。

■ 規格（YS-11A-500R）
翼展：32.0 m
全長：26.3 m
全高：9.0 m
巡航速度：450 km/h
續航距離：1,200 km
最大起飛重量：25,000 kg
發動機：Dart Mk543-1Q10K（勞斯萊斯）
最大推力：2,775 shp×2
標準座位數：64席

通產省與日本航空工業會在1957年成立「財團法人輸送機設計研究協會」（簡稱輸研），集結了航空工程學家木村秀政（1904～1986）、土井武雄（1904～1996）、堀越二郎等優秀的工程師。此外並擬訂了可在狹小機場起降、座位數約60席等基本方案，花費約2年的時間完成飛機的基本設計。這款飛機名稱取自協會名稱中的「輸送機」（Yusoki）與「設計」（Sekkei），以及採用的發動機與機身候選方案編號（所含的數字）「1」，因此取名「YS-11」。

克服危機的 YS-11與工程師

輸研在完成任務後於1959年解散。該年新成立了半官半民的「日本航空機製造株式會社」，接手YS-11的研發任務。召集設計團隊後，由堀越的門生 —— 參與過零式戰鬥機設計工作，當時任職於三菱重工的東條輝雄（1914～2012）負責帶領。

經過多次嘗試後完成的試作1號機（飛行試驗機）於1962年8月30日在名古屋機場成功首航，但同時也暴露出操縱性不佳（右偏）及側向穩定性不足等嚴重問題，因而不得不進行修改。

在工程師勞心勞力設法解決的努力之下，YS-11終於在1964年取得日本運輸省的型別檢定證，翌年取得了美國聯邦航空總署（FAA）的型別檢定證。如此一來，YS-11得以開始在日本國內交機、服役，進而出口。試作1號機目前展示於千葉縣芝山町的航空科學博物館。

＊協助：日本所澤航空發祥紀念館

(←) YS-11

左圖所示為展示於日本埼玉縣所澤航空紀念公園的YS-11A-500R（所澤航空發祥紀念館負責管理）。1969年製（第101號機），以前在日空航空營運的航線服務。

至1974年停產為止，YS-11總共生產182架，並有75架出口至美國、菲律賓等地。做為客機使用的YS-11在日本國內已於2006年全數退役，不過自衛隊目前仍持續使用中（2022年2月時）。

COLUMN

能從空中自由拍攝景物！

無人駕駛航空載具的機種五花八門，本文所介紹的「無人機」，是指配備3具以上的螺旋槳，且利用無線方式搖控操作的多軸飛行器。無人機目前正處於蓬勃開發的時期，研議中的運用領域相當多元，包括災區調查、無人配送等等。其中，專為空中攝影而設計的空拍機，已經開始廣泛運用於專業到業餘的各個層面。

拍攝影像不會晃動的機制

大疆公司的「Phantom 4 Pro」無人機在飛行時，藉用4具螺旋槳提供推進力（1），利用GPS、視覺感測器、電子羅盤測量機體的位置，同時使用多個感測器自動控制飛行中的姿勢（2）。飛行中，持續保持攝影機的角度水平，並且抑制攝影機的振動（3）。利用這些機制得以拍攝到穩定而沒有晃動的影像，效果就如有人駕駛直升機進行空拍一般。

- -

Phantom 4 Pro

大小：	對角線長35公分（螺旋槳除外） 高度約19公分
重量：	1388公克（含電池、螺旋槳）
飛行時間：	約30分鐘
電池：	5870毫安培小時 鋰離子聚合物電池
最高速度：	時速72公里
滯空懸停精度：	垂直方向±0.1公尺，水平方向±0.3公尺
攝影機畫素：	2000萬畫素
障礙物感測器：	偵測距離 0.7～30公尺
期望零售價格：	204000日圓（含稅，無監視螢幕※） 239000日圓（含稅，附專用監視螢幕）

1. 調節4片機翼的旋轉而自在翱翔

大疆公司的Phantom 4 Pro無人機藉著可獨立調節4具螺旋槳的旋轉數，進行上下左右前後的移動，以及在原地變換方向（詳見第88～89頁解說）。可以利用發訊機控制飛行，也可以按預先指定的飛行路線自動飛行。

馬達

電池

橡膠緩衝彈簧
懸吊攝影機和機械臂之處加裝有橡膠彈簧，使驅動螺旋槳的馬達振動不會傳過來。

三軸穩定器
具有3個關節的機械臂。根據陀螺儀的資訊，即使機體傾斜，也能控制攝影機的角度始終保持對地面平行。

協助　日本大疆（DJI JAPAN）股份有限公司／Sekido 股份有限公司

2. 推定機體位置並穩定保持姿勢

利用GPS衛星、視覺感測器和電子羅盤判斷本身的三維位置。首先，使用機體上部的GPS偵測單元和下部的視覺定位感測器（vision positioning sensor）測量目前的位置。接著，使用電子羅盤判斷機體正面朝向的方位。

此外，飛行中也使用3軸陀螺儀感測器（gyro sensor）和3軸加速度感測器以偵測姿勢的變化，進行自動控制以保持飛行姿勢的穩定。如果發生強風吹颳導致高度產生變化時，也能使用氣壓計偵測氣壓的變化，保持高度的穩定。

3. 飛行中攝影機的方向始終維持固定

無人機的重量很輕，適合裝配電池，但也因此容易受到風及馬達的影響，產生振動。

Phantom 4 Pro使用3軸陀螺儀感測器偵測機體的姿勢變化，以三維方式驅動連結著攝影機的機械臂（三軸穩定器，gimbal），使攝影機始終能夠單獨保持水平。此外，驅動螺旋槳的馬達會產生振動，所以在機體本身和攝影機之間嵌入橡膠緩衝彈簧，以便抑制馬達傳來的振動。

GPS偵測單元／電子羅盤／陀螺儀感測器

飛行控制器
全權負責各事項：根據GPS和電子羅盤推定目前位置、控制螺旋槳、根據陀螺儀的資訊控制攝影機的角度等等。對於緊急狀況也能採行適當的因應措施，例如電力不足或發訊機脫出範圍時會自動返航。

螺旋槳

LED飛行指示燈
飛到遠處的無人機，肉眼看去會變得非常小。在機頭兩側的機械臂上裝設紅燈，在機尾兩側的機械臂上裝設綠燈，藉由色光位置辨識機體的朝向。此外，當發生電力不足等問題時，機尾燈的色光會有變化。

PHANTOM

障礙物感測器
偵測到機體前方有障礙物的時候，能控制機體的行動，避免撞擊。由於使用立體攝影機，能夠測量機體到障礙物的距離，機尾裝設有相同的感測器。機體側面也設有藉助紅外線的障礙物感測器。

攝影機
能拍攝4K影像。

視覺定位感測器
使用超音波感測器測量機體與地面的距離，並使用攝影機辨識地面的模樣，藉此持續確認機體的位置是否由於風吹等因素偏移。即使在無法利用GPS的室內等處，也能使機體穩定地飛行。

波音的新世代噴射客機「波音777X」

本單元起要介紹的是目前正進行研發的「未來航機」。右圖中的飛機是波音公司的噴射客機「波音777X」。從型號就可以看出，這款飛機是波音777的衍生型，全長為噴射客機中最長的76.7公尺（-9型），客艙較波音777寬約10公分。

翼展71.8公尺較波音777（-200型）多出約11公尺，這樣的設計是有原因的。飛機在飛行時，機翼的翼尖會產生增加空氣阻力的翼尖渦流，而波音777X的主翼設計得更為細長（增加展弦比），並將翼尖做成帶有後掠角的「上帆角」造型，這樣做比加裝翼尖小翼更輕，卻能得到相同效果[※]。

但現有的機場設施無法容納翼展超過65公尺的飛機，因此波音777X採用「可折疊機翼」的設計，必要時可縮短主翼的長度，比照其他大型客機飛航於各地。而當機翼折疊時，波音777X的翼展會縮短為64.8公尺，較原本少7公尺。

※：波音787的主翼也採用相同設計。

■ 規格（波音B777-8）
翼展：71.8 m（停機時為64.8 m）
全長：69.8 m
全高：19.5 m
最大客艙寬：6.0 m
巡航速度：900 km/h
續航距離：16,170 km
最大起飛重量：351,500 kg
發動機：GE9X（奇異）
最大推力：45,360 kgf以上×2

> 波音777X（→）

機型包括標準型（-8型）與加長型（-9型）。已在2020年進行首航，預計在2023年下半年開始交機（2022年2月時）。

除了機身造型，波音777X最值得注意之處還包括眾多波音787客艙所採用的技術，如更大的窗戶、更為安靜、提供最佳氣壓及濕度等，想必能提供顧客更為舒適的搭乘體驗。

「會飛的汽車」
已經不再是幻想

相信有不少人曾幻想過「如果汽車會飛的話，就不會塞車了……」，其實人類追求陸空兩用車，也就是「會飛的汽車」，已有相當長久的歷史。例如，在1940年成功量產汽車（福特T型）的福特（Henry Ford，1863～1947）就曾說過：「融合飛機與汽車的交通工具問世的一天肯定會到來。」1949年，美國的航空工程師泰勒（Moulton Taylor，1912～1995）便開發出名為「Aerocar」的飛天汽車，可謂直接印證福特的預言。

下圖所示即為斯洛伐克Klein Vision公司研發的「AirCar」1號試作車（機）。最多可搭載2人，動力來源為BMW製的汽油引擎（160hp）。

要飛行時只需一顆按鈕便可打開機翼，透過駕駛座後方的大型螺旋槳獲得升力。2021年6月30日進行的試飛中，AirCar花了35分鐘從尼特拉機場飛往約70公里外的布拉提斯拉瓦機場，隨後並行駛至市區。

駕駛座（概念模型）

AirCar
進入飛行狀態的過程其實很簡單。只需壓下按鈕，車身（機身）後方的尾翼便會往後滑動。接著，以折疊狀態收納於後輪內側附近的主翼，便會升起打開。完成這一連串動作的時間僅約3分鐘。

AeroMobil

除了Klein Vision以外，還有其他企業也對飛天汽車躍躍欲試。例如，斯洛伐克的AeroMobil公司所研發的飛天汽車（圖為AeroMobil 4.0），全寬2.2公尺（飛行時翼展8.8公尺），全長6公尺，最多可搭載2人，較PAL-V Liberty（見下圖）略大。最大續航距離為520～740公里，售價120萬～150萬歐元（大約3800～4800萬台幣），預計2024年開始交車。

PAL-V Liberty

荷蘭的PAL-V公司正在研發預計2022年開始交車的「PAL-V Liberty」。車身規格為全寬2公尺，全長4公尺，全高1.7公尺※，除了汽車駕照，還需要航機用執照（私人飛行執照）才能駕駛。最多可搭載2人，售價約50萬歐元（大約1600萬台幣，試駕版）。

※：未展翅飛行的狀態。飛行時全寬2公尺，全長6.1公尺，全高3.2公尺，最遠可飛行400～500公里。

M
-
02
J

「白鳥之翼」翔翔於現實世界的天空

聽 過「白鳥之翼」這種飛行器嗎？這是吉卜力工作室動畫電影《風之谷》主角娜烏西卡操縱的單人飛行器。在這部根據宮崎駿漫畫作品改編的影片當中，白鳥之翼乘風翱翔的姿態十分優美，是劇中一大亮點。

如今，有人將虛構的白鳥之翼真真實實地造了出來。他就是開發出「PostPet」等電子郵件交流軟體而聲名大噪的八谷和彥。

八谷在2003年提出「OpenSky」計畫，決定參考白鳥之翼的概念建造單人噴射滑翔機，承載體重大約50公斤的人飛行。

雖然為了籌措資金而費盡苦心，但是八谷從縮小版的遙控模型起步，進而打造出「M-02」滑翔機，並在2013年完成配載噴射發動機的「M-02J」。從事航機研發的日本企業OLYMPOS，在製造方面提供了相當程度的協助。

M-02J後來曾數度完成飛行之舉，並在2019年，於美國舉辦的全世界最大航空展「奧什科什航展」（EAA AirVenture Oshkosh）上盡顯翔翔英姿。

＊照片拍攝：香河英史 ©PetWORKs / Kazuhiko Hachiya

M-02J

圖示為M-02J於日本千葉縣野田市關宿滑翔機場進行試飛時的景象，操縱者為八谷本人。翼展9.6公尺，全長2.7公尺，全高約1.4公尺，發動機為荷蘭AMT公司製造的Nike gas turbine（靜止推力80kgf）。整架滑翔機重量100公斤，沒有尾翼，由機身吊艙與內翼、外翼之雙主翼構成。機身結構材料主要為木材與FRP（纖維強化塑膠）。操縱方法類似滑翔翼，趴在機身上的操縱者藉由移動重心控制上下方向，扭動身體控制左右方向[※]。油門位於右側把手（操作握把）。

※：固定身體的安全帶與內翼的舵（副翼）相連。

超音速客機再度成為目光焦點

包括原型機在內，2003年退役的協和號客機總共只生產了20架。不過由於技術進步及對於需求擴大的預期心理，超音速客機又再度成為目光焦點。

下圖為日本JAXA（宇宙航空研究開發機構）投入開發的「小型靜聲超音速客機」示意圖。盡可能將機頭做得細長以減少震波產生的設計，與協和號相同，而根據電腦模擬及風洞實驗所得到的機身與機翼形狀，則具有降低音爆的效果。

另外，NASA自2018年起也投入載人低音爆實驗機「X-59 QueSST」的開發（右頁）。這款飛機由洛克希德・馬丁負責設計，預計在2022年前後首航。

而美國的波音公司及荷美斯公司（Hermeus Corporation）則發表極音速（hypersonic）客機的概念及計畫，目標是以5馬赫，也就是時速大約6000公里以上的驚人速度飛行（→第197頁）。

> ## 小型靜聲超音速客機，JAXA

預想規格為翼展23.6公尺，全長47.8公尺，全高7.3公尺，後方配載2具發動機（示意圖）。飛行速度1.6馬赫，座位數36～50席。JAXA的目標是參與可能於2030年前後展開的超音速客機國際共同開發計畫，並希望建立相關體制。JAXA另外也正研發以5馬赫飛行的極音速客機。

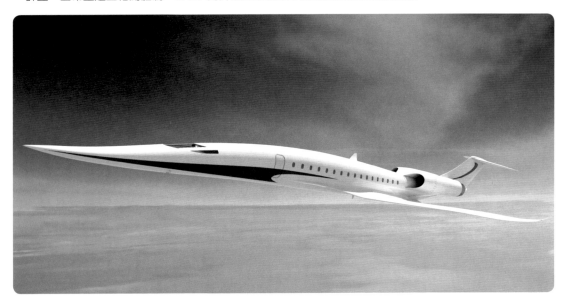

X-59 QueSST，NASA

QueSST是「Quiet SuperSonic Technology」的縮寫（意謂超音速靜聲技術），右方為X-59的完成示意圖，下方則是工廠進行組裝的情景。X-59 QueSST翼展9公尺，全長29.5公尺，全高4.3公尺，配載奇異「F414-GE-100」的發動機能以1.4馬赫飛行。而民間則有「史派克航太」（Spike Aerospace）旗下達1.6馬赫飛行速度的商務噴射機「S-512」，以及「波姆科技」（Boom Technology）的「Overture」，正著手進行開發。

＊圖片來源：NASA

新世代航機①

維珍銀河的超音速客機

美國「維珍銀河」（Virgin Galactic）公司於2020年發表的超音速客機示意圖。推測與勞斯萊斯合作開發的發動機將使用永續航空燃料，在超過1萬8000公尺的高度以3馬赫飛行。

Overture

美國波姆科技公司的「Overture」或許是我們在不久的將來就有機會看到的超音速客機。Overture的速度為1.7馬赫,座位數65～88席,機票價格預計將與頭等艙差不多水準。配載的3具發動機並不具備後燃器功能,飛行時預計使用具有減碳效果的生質燃料(sustainable aviation fuel,SAF,永續航空燃料)。

Overture的開發進展,已於2020年完成三分之一比例試驗機「XB-1」,目前進入反覆進行測試的階段。聯合航空已經下單,並計畫在2029年服役。日本的JAL也有投資本計畫。

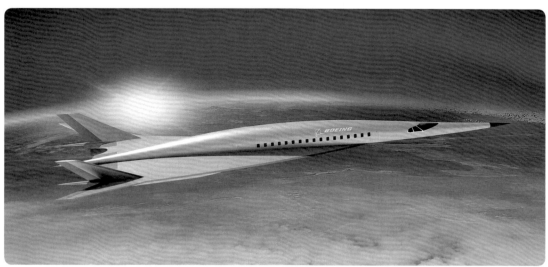

波音極音速客機

波音在2018年發表以5馬赫飛行的「極音速客機」概念。將飛行速度設定在5馬赫,是因為以這個速度前往世界任何角落都能當天來回。這款客機具備大後掠角主翼與2片尾翼、鈦製機身,配載可切換低速(次音速)與高速(超音速)運轉模式的渦輪衝壓發動機。為減少空氣阻力,將在2萬9000公尺的高度飛行。

無數可能性極大的飛機動力系統

近年來，在陸地上行駛的電動車發展蓬勃，「減碳」風潮也吹向在天空中翱翔的飛機（航空器）。例如，在日本政府主導下，將現有噴射燃料混合以藻類、木質等生質能源為基礎的永續航空燃料，已在2021年6月使用於JAL與ANA的客機進行飛行測試。

空中巴士則在2020年9月發表3款零排放[※]客機「ZEROe」的概念機。下圖即為其中一型飛機，乃主翼與機身一體的「翼身融合」設計（參閱第142頁）。動力系統（powertrain）則是渦輪扇發動機與電動馬達直接連結的混合動力型，燃料為液態氫。起飛爬升時使用電動馬達，將發動機小型化，進而提升飛行效率。

※：1994年由聯合國大學所提出，將排放物（二氧化碳等）及廢棄物控制到趨近於零的概念。

ZEROe

除了ZEROe以外，空中巴士也提出改良現今噴射機、渦輪螺旋槳飛機的發動機，以因應未來能夠使用氫為燃料飛行的方案。空中巴士希望能在2035年以前實現零排放飛行（若使用氫為燃料，機場設施必須大幅修改，勢需各國政府的合作及支援）。

＊圖片來源：AIRBUS

專欄 COLUMN 「怪鳥」現身

目前正進行研發的飛機之中，有一款特別引人注目，那就是美國企業平流層發射系統公司的「平流層發射雙體飛機」（Stratolaunch）。這款飛機配載6具發動機（PW4056，普惠），並且長出「腳」一般的起落架，造型有如將2架飛機並排靠在一起（雙體機），看起來既像大型鳥類又像恐龍。整架飛機的規格也突破常規，翼展117公尺，全長73公尺，全高15.2公尺。在此之前，翼展最寬的飛機是88.4公尺的An-225，A380的翼展則是79.8公尺。

之所以做成這樣的造型，乃因「平流層發射」雙體飛機的任務是負責扮演火箭的空中發射台。機身雙體之間所承載的火箭，將從高度1萬2000公尺處往低軌道（low orbit）發射。該機已於2019年完成首航，並於2022年1月進行第3次試飛。

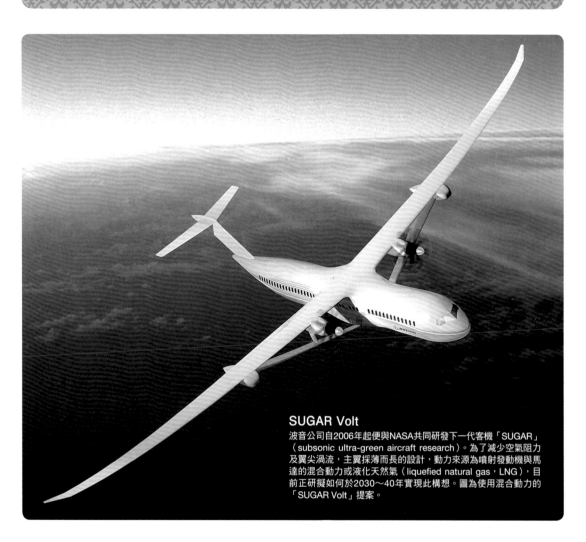

SUGAR Volt

波音公司自2006年起便與NASA共同研發下一代客機「SUGAR」（subsonic ultra-green aircraft research）。為了減少空氣阻力及翼尖渦流，主翼採薄而長的設計，動力來源為噴射發動機與馬達的混合動力或液化天然氣（liquefied natural gas，LNG），目前正研擬如何於2030～40年實現此構想。圖為使用混合動力的「SUGAR Volt」提案。

未來的「計程機」「eVTOL」

雖然中大型飛機的動力裝置難以做到完全電動化,但小型飛機(參閱右頁)或是1～5人乘坐的航機已經逐漸接近實現的階段。

近年來,電動垂直起降飛機(electric vertical takeoff and landing,eVTOL)尤其受到矚目。本田目前正在開發的「Honda eVTOL」,外觀有如無人機與直升機的結合體。現階段預計以燃氣渦輪發動機與馬達驅動,但未來技術若是成熟,也有可能完全電動化。

eVTOL被視為今後將迅速成長的領域,除

Honda eVTOL

配載數具馬達,每一具皆獨立控制。預設的續航距離約400公里,最多乘坐5人(包括駕駛),目標是在2030年以後形成企業。另外,除了硬體的開發、銷售,包括未來營運系統、維修服務、預約服務系統等在內的都市間交通服務與事業開展,也都是本田有意布局的目標。

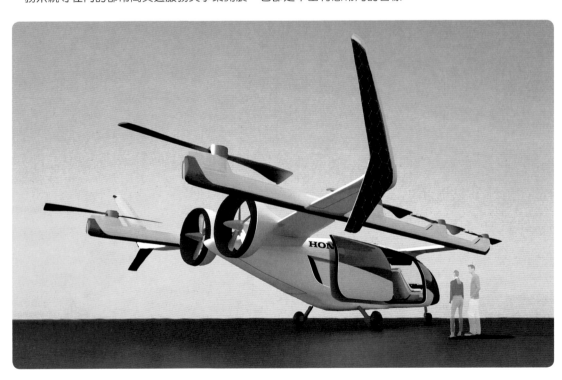

了本田以外，德國的Volocopter及美國的Uber、日本的Skydrive等世界各國製造商也正戮力進行研發。這些公司都將eVTOL定位成類似「飛天計程車」的用途，或許在不久的將來會大大改變我們的生活！

VELIS ELECTRO

由斯洛維尼亞的蝙蝠飛機公司所製造，全世界第一款取得型別檢定證（EASA）的2人座電動飛機。由於是以馬達轉動螺旋槳，因此完全不會排放氣體。最長飛行時間為50分鐘，預計主要當作教練機使用。

X-57 Maxwell

NASA開發的實驗用電動飛機，以義大利Tecnam公司的「P2006T」為基礎改裝而成。主翼前緣裝有小螺旋槳，尾端則有大螺旋槳（皆為馬達驅動），共計14具。小型螺旋槳的作用在使通過上翼面的氣流增加，以提高升力，但只在起降時使用。巡航時小螺旋槳會折疊收起，僅使用大螺旋槳飛行。目前正進行首航的籌備作業。

＊圖片來源：NASA Langley／Advanced Concepts Lab, AMA, Inc

🔍 基本用語解説

ETOPS

由於從前發動機可靠度不如現代，根據「ETOPS」（extended-range twin-engine operational performance standards）所規定，雙引擎客機獲准飛行的路線（ETOPS60），必須是當其中有具發動機故障時，單憑另一具發動機可在60分鐘內飛抵鄰近機場。

LCC

low cost carrier的縮寫。也就是相對於傳統航空公司（FSC），以更低廉的價格提供服務的廉價航空公司。

STOL

short take-off and landing的縮寫。短場起降之意，是指能夠在更短的跑道起飛的性能，或是具備該性能的飛機。

加長型／縮短版

同一種機型中，機身規格較標準機身更長的型號稱為「加長型」，較標準機身短的型號則是「縮短版」。以空中巴士A320為例，縮短版為A318與A319，加長型則是A321。但波音787的標準型為787-8，加長型為787-9，超長型則是787-10，型號的命名方式並沒有統一的規則。

加壓

客機飛行高度約1萬公尺處，氣壓大約只有地面的4分之1，這樣會導致機上人員缺氧，因此包括貨艙在內，會將機內的氣壓增加到約0.75大氣壓。

杜拉鋁

飛機的機身主要是以輕量的鋁混合銅、鋅、鎂等提升強度而成的「鋁合金」（杜拉鋁，duralumin）製成。這類鋁合金包括「杜拉鋁」（A 2017）、「超杜拉鋁」（ultra-duralumin，A 2024）、「超超杜拉鋁」（extra super duralumin，A7075）等，這三者之中以超超杜拉鋁的強度最高。

近年來，飛機製造商使用更輕量且耐久性、耐腐蝕性高的「CFRP」（碳纖維強化塑膠）材料。

空機飛渡

不載運旅客或貨物，將飛機飛往（送往）目的地。

空服員

為讓旅客度過舒適的搭機時光，向旅客提供餐點、處理問題或因應緊急狀況的客艙服務員，也稱為「機組人員」。

全世界第一位女性空服員（空中小姐）出現在1930年的波音航空運輸（現在的聯合航空）。由於當時常有旅客在搭機時感到不適，因此必須具備護理師證照。日本最早的女性空服員則出現在1931年4月，是經營東京與清水（靜岡縣）間航線的航空公司 — 東京航空輸送所聘請，當時被稱為「空中女孩」、「空中女招待」。

型別檢定證／適航證

新開發的飛機（航空器）若要交機（出口）、正式服役飛行，必須取得交通部民用航空局（CAA）美國聯邦航空總署（FAA）、歐盟航空安全總署（EASA）等頒發的「型別檢定證」及「適航證」，以證明其符合安全及環保相關標準。型別檢定證是針對飛機的機型，試航證則是針對每一架飛機頒發。

後燃器

往發動機排放的氣體噴射燃料使其燃燒的裝置，可以藉此在一定時間內獲得更大的推力。其英文名「Afterburner」是奇異公司的商品名稱，其他公司將此技術命名為「augmenter」或「reheat」等。

音速

馬赫數為1時的速度（高度約1萬公尺，時速1060公里左右）。一般現代噴射客機是以音速以下的穿音速及次音速（時速900～500公里，約0.85～0.47馬赫）飛行。而1馬赫以上則是「超音速」，5馬赫以上是「極音速」。

飛行記錄器

自動記錄飛機航行相關之各種資訊的裝置，也稱作「黑盒子」。

飛行場／機場

有各式各樣的分類基準，主要是將僅供飛機（航空器）進行起降的場地稱為「飛行場」，有航廈等等設施，並有載運旅客及貨物的定期航班往來的飛行場則稱為「機場」（航空站）。

飛機／航空器

「飛機」是由推進裝置（發動機等）推進，藉由固定翼產生的升力飛起的交通工具。在航空工程學領域，除了飛機以外，直升機、飛行船、火箭、熱氣球等，所有能夠載人「在空中飛行的交通工具」都是「航空器」。至於無人機則歸類在「無人航空器」。

俯仰

以飛機的左右方向為軸時，往上或下旋轉的動作。

旁通比

將進入渦輪扇發動機核心部分的空氣量當作1時，旁通氣流的量。旁通比在3～4以上者稱為「高旁通比發動機」。

航空聯盟

世界各航空公司所組成的「集團」，包括「寰宇一家」、「星空聯盟」、「天合聯盟」等。若是屬於同一聯盟，在某間航空公司累積的里程可以使用於聯盟內其他航空公司。另外，無論搭乘哪一家航空公司，都能夠累積自己具有會員身份的航空公司里程。

航電系統

飛機上配載的飛行相關電子儀器及軟體。

起落架

飛機在起降時吸收機身承受衝擊的裝置。位於機頭的起落架稱為「鼻輪」，機身中央處的裝置稱為「機身

輪」，主翼的裝置則是「翼輪」。

偏航
以飛機的上下方向為軸時，往左或右旋轉的動作。

停機坪／停機點
機場內供飛機上下旅客、裝卸貨物或進行檢修等作業的區域稱為「停機坪」。停機坪內特定的指定位置稱為「停機點」。

匿蹤性
不易被雷達等設備偵測到的性質。雷達從天線發出電波，利用其反射進行偵測。將主翼與水平尾翼的後掠角及前掠角做成一樣，雷達的電波就會只往特定方向反射而不會回到天線，降低被偵測到的可能性。

區域航線客機
座位100席以上的客機稱為中型／大型客機，而100席以下的短程客機則稱為「區域航線客機」或「通勤客機」。

啟始客戶
訂單數量龐大，足以催促航空器製造商進行新產品開發的航空公司。會收到製造商所生產的第一號機。

推力
飛機的「推力」主要是指推進裝置（發動機）推動飛機前進的力。至於「推進力」則是連同對推進裝置輸出造成的阻力（空氣阻力等），所有推動飛機的合力。

鳥擊
飛機在起飛或降落之際遭鳥類撞擊的現象。

最大起飛重量
依每種機型訂出的起飛時機身總重量上限，也叫作MTOW（maximum takeoff weight）。飛機本身的重量，以及機組員、乘客、備品、貨物、燃料等全都包含在內。

渦輪扇發動機
藉由大片的扇葉吸入更多空氣，部分形成噴射氣流，部分直接從後方排出以獲得推力。

渦輪螺旋槳發動機
原理與渦輪扇發動機相同，但藉由燃燒空氣與燃料所得到的能量，絕大多數都用於轉動螺旋槳。擅長以低於渦輪扇發動機的速度（約時速500～700公里）飛行。

另外，渦輪螺旋槳飛機雖也稱為「螺旋槳飛機」，但也有螺旋槳飛機的動力來源是往復式發動機，因此要特別注意。

跑道／滑行道
飛機起飛及降落所使用的道路稱為「跑道」，連接跑道與停機坪的道路則稱為「滑行道」。

在跑道上面會標示「09」之類的數字，這代表的是方位。北為「36」，南為「18」，西為「27」等，以角度標示出跑道盡頭所對準的角度（分別是360度、180度、270度）。有時候會看到「09L」、「09R」等加上英文字母的情形，表示有2條跑道平行排列（分別為Left、Right之意）。

滑行
飛機憑藉自身動力於地面移動。

滑翔機
沒有發動機的固定翼航空器。由於無法自行起飛，因此必須由配載發動機的「動力滑翔機」來牽引，再於空中分離。

酬載
飛機載運旅客、備品、貨物等的最大可載重量（不包括燃料）。

滾轉
以飛機的前後方向為軸時，往左或右翻滾的動作。

輕型飛機
供新聞報導或私人使用的小型飛機（並沒有統一的定義），配載簡單且推力小的發動機。

噴射燃料
主要成分為已經去除水分的高純度煤油，特徵是價格較汽油低廉、不易引燃等。近年來也正進行實驗，希望能將以藻類及木質生質能源製成的生質燃料（永續航空燃料）實用化。

廣體／窄體
客機的客艙內有2條走道者稱為「廣體飛機」，只有1條走道則作「窄體飛機」。波音767等機型雖然有2條走道，但是客艙寬度不及一般廣體飛機，因此稱為「半廣體飛機」。

線傳飛控（FBW）
飛機的各裝置過去是透過拉桿等，以機械方式相互連動操作，改由以電腦透過纜線傳輸信號進行操作的系統，便叫作線傳飛控。初期的線傳飛控是使用類比式電腦進行控制（類比式FBW），現代則是以數位電腦操控（數位式FBW）。

聯營航班
由兩家以上航空公司聯合共同營運的航班。同一航班會有不同的航班編號。

轉機
原航程中途，於某機場下機改搭其他航班繼續飛往目的地。若下機後仍搭同一航班繼續飛往目的地（飛機因加油等因素降落於中途機場），則稱為「過境」。

魔鬼11分鐘
起飛後3分鐘與降落前8分鐘發生事故的機率特別高，因此有「魔鬼11分鐘」（critical eleven minutes）之稱。

Index

▼ 索引

Staff

Editorial Management	木村直之	Cover Design	小笠原真一，北村優奈（株式会社ロッケン）
Editorial Staff	中村真哉，上島俊秀	Design Format	小笠原真一（株式会社ロッケン）
Writer	河合ひろみ，薬袋摩耶	DTP Operation	亀山富弘

Photograph

002-003	Leonid Andronov/stock.adobe.com
004-005	rebius/stock.adobe.com
006-007	所沢航空発祥記念館
008-009	takapon/PIXTA
010-011	まちゃー/PIXTA
023	Media_works/shutterstock.com
026	michaklootwijk/stock.adobe.com, Alan Wilson（https://www.flickr.com/photos/ajw1970/50087693751）
027	iStock.com/GordZam, Mike Fuchslocher/shutterstock.com
028-029	Markus Mainka/shutterstock.com
030-031	AIRBUS
033	Markus Mainka/stock.adobe.com
034-035	IanDewarPhotography/stock.adobe.com, ATR Aircraft
036	Paco Rodriguez
037	aapsky ©123RF.COM, phichak/stock.adobe.com
039	Igor Marx/shutterstock.com
040	VanderWolf Images/shutterstock.com
042-043	kbp.spotter/shutterstock.com, roibu/shutterstock.com
044	Mario Hagen/stock.adobe.com
045	Phil/stock.adobe.com, gokturk_06/stock.adobe.com
048-049	安友康博/Newton Press
050-051	AIRBUS - Computer Graphics by i3M
052	supakitswn/shutterstock.com
053	BoxBoy/shutterstock.com
054	Media_Works/shutterstock.com
055	iStock.com/Jacek_Sopotnicki
056-057	株式会社ジャムコ
058-059	Wolfgang/stock.adobe.com, schusterbauer.com/shutterstock.com, Supakit/stock.adobe.com
060	Akimov Igor/shutterstock.com
061	Arina P Habich/shutterstock.com
062	T_kosumi/stock.adobe.com
068-069	Roden Wilmar/shutterstock.com, ©Allan Clegg	Dreamstime.com, Carlos Yudica/stock.adobe.com, Markus Mainka/stock.adobe.com
072-073	marumaru/shutterstock.com, Dmytro Vietrov/shutterstock.com, Digital Work/shutterstock.com
074	MAKO/PIXTA
075	camnakano/PIXTA
076	Ander Dylan/shutterstock.com
078	takashi17/PIXTA
079	Dushlik/stock.adobe.com, だい/PIXTA, Serhii Ivashchuk/shutterstock.com
080	Pi-Lens/shutterstock.com, Fasttailwind/shutterstock.com
081	GYRO_PHOTOGRAPHY/イメージマート, M101Studio/shutterstock.com,

	milkovasa/stock.adobe.com, Supakit/stock.adobe.com
084-085	Andreas Psaltis/shutterstock.com
086-087	w_p_o/stock.adobe.com
088-089	viper-zero/shutterstock.com
090-091	zapper/stock.adobe.com, ©Radarman70	Dreamstime.com, viper-zero/shutterstock.com
092-093	russell102/stock.adobe.com, AHMED ZAKI BIN MOHD SETH/shutterstock.com, Karolis Kavolelis/shutterstock.com, Lukas Wunderlich/shutterstock.com
094-095	Lukas Wunderlich/shutterstock.com, Markus Mainka/shutterstock.com
096-097	franz massard/stock.adobe.com
098-099	fifg/shutterstock.com
100-101	Lukas Wunderlich/shutterstock.com, Tupungato/shutterstock.com
102-103	Wirestock/stock.adobe.com
104-105	gordzam/stock.adobe.com, Björn Wylezich/stock.adobe.com
106-107	Fasttailwind/shutterstock.com, Renatas Repcinskas/shutterstock.com
108-109	Jerry/stock.adobe.com
110	art_zzz/stock.adobe.com
111	lasta29（https://www.flickr.com/photos/115391424@N05/23557730763）
112〜115	Markus Mainka/stock.adobe.com
116-117	Markus Mainka/stock.adobe.com, Renatas Repcinskas/shutterstock.com
118-119	takapon/PIXTA
120	Newton Press・TOKO/PIXTA
121	aatggjky/shutterstock.com, iStock.com/Sky_Blue
122	joerg joerns/shutterstock.com, Richard Brew/shutterstock.com
123	NASA
126-127	Oleg V. Ivanov/shutterstock.com
128〜131	Honda Aircraft Company
132	Vytautas Kielaitis/shutterstock.com, Adomas Daunoravicius/shutterstock.com
133	iStock.com/Gilles Bizet, Media_works/shutterstock.com
134-135	gordzam/stock.adobe.com, ©Evren Kalinbacak	Dreamstime.com, Philip Pilosian/shutterstock.com, ©Patrick Allen	Dreamstime.com, Markus Mainka/shutterstock.com, viper-zero/shutterstock.com
138	©Ming Chung Lin	dreamstime.com
140-141	航空自衛隊
142-143	U.S. Air Force
144-145	iStock.com/Artyom_Anikeev

Galileo科學大圖鑑系列 18

VISUAL BOOK OF THE AIRPLANES

飛機大圖鑑

作者／日本 Newton Press

執行副總編輯／陳育仁

翻譯／甘為治

編輯／林庭安

發行人／周元白

出版者／人人出版股份有限公司

地址／231028新北市新店區寶橋路235巷6弄6號7樓

電話／(02)2918-3366（代表號）

傳真／(02)2914-0000

網址／www.jjp.com.tw

郵政劃撥帳號／16402311人人出版股份有限公司

製版印刷／長城製版印刷股份有限公司

電話／(02)2918-3366（代表號）

香港經銷商／一代匯集

電話／(852)2783-8102

第一版第一刷／2023年5月

定價／新台幣630元

港幣210元

國家圖書館出版品預行編目資料

飛機大圖鑑/Visual book of the airplanes/
日本 Newton Press 作；
甘為治翻譯. -- 第一版. -- 新北市：
人人出版股份有限公司, 2023.05
面；　公分. -- (Galileo 科學大圖鑑系列)
(Galileo 科學大圖鑑系列；18)

ISBN 978-986-461-332-8（平裝）

1.CST：飛機

447.73   112004945